短视频

编导、拍摄 剪辑、运营 从入门到精通

车寿玲◎编著

中国铁道出版社有限公司
CHINA RAILWAY PUBLISHING HOUSE CO., LTD.

内 容 简 介

本书是一本聚焦于短视频创业的实操性教程，共四大篇章、12个专题内容、18个教学视频、150个实用干货，帮你玩转短视频。以“理论+实例”的形式传授给大家短视频编导、拍摄、剪辑和运营的技巧，帮助大家在短视频领域“分得一杯羹”。

全书按照短视频创作的基本步骤分为选题策划、脚本文案、拍摄剪辑和包装运营，将短视频的文化内涵、选题途径、制作秘籍和运营方法等内容进行组装，形成一个完整的短视频创作学习手册。

本书定位精准，主要适用于短视频编导相关职位、短视频个人创业者，也可作为影视、编导相关专业的教材。

图书在版编目（CIP）数据

短视频编导、拍摄、剪辑、运营从入门到精通/车寿玲编著. —北京：中国铁道出版社有限公司，2023.5

ISBN 978-7-113-29821-0

Ⅰ. ①短…　Ⅱ. ①车…　Ⅲ. ①视频制作②网络营销

Ⅳ. ①TN948.4②F713.365.2

中国版本图书馆CIP数据核字（2022）第208894号

书　　名：短视频编导、拍摄、剪辑、运营从入门到精通
DUANSHIPIN BIANDAO、PAISHE、JIANJI、YUNYING CONG RUMEN DAO JINGTONG

作　　者：车寿玲

责任编辑：张亚慧　张　明　**编辑部电话：**（010）51873035　**电子邮箱：**lampard@vip.163.com
封面设计：宿　萌
责任校对：安海燕
责任印制：赵星辰

出版发行：中国铁道出版社有限公司（100054，北京市西城区右安门西街 8 号）
印　　刷：天津嘉恒印务有限公司
版　　次：2023 年 5 月第 1 版　2023 年 5 月第 1 次印刷
开　　本：710 mm×1 000 mm 1/16　**印张：**14　**字数：**236 千
书　　号：ISBN 978-7-113-29821-0
定　　价：69.00 元

前言

我是车寿玲，大家更喜欢称我为车师姐，当你打开这本书的时候，恭喜你。我有一句话是这两年特别喜欢分享的。每当有人问我：我需要学习新媒体、需要学习短视频吗？我都坚定地说：需要。你只需要思考一点：我们离得开网络、离得开手机吗？如果未来社会能脱离网络，那么你可以不用学习。

无论你从事什么职业，如公务员、职场、自主创业，你都可以学习短视频。短视频并不难，无论是编导、拍摄、剪辑还是运营，都不难，人人都可以通过学习和刻意练习成为短视频达人，三天即可入门。

企业可以通过短视频营销、获客、打造品牌；职场人士可以通过短视频打造个人品牌，为事业赋能；创业者可以通过短视频打造个人 IP，吸引上下游资源。

我是市场营销专业毕业，持证新媒体运营师（工业和信息化部证书）和高级社会化媒体营销师（工业和信息化部证书）、互联网运营师（中国管理科学研究院证书）。2013 年从接触微信公众号开始入行新媒体，从公众号时代到自媒体图文时代，再到短视频带货时代、直播带货时代，我随着这个行业发展，先后抓住 5 次红利机会，我的创富都来自抓住了时代机遇。

短视频是当下的风口，我旗下依然在运营着公众号、自媒体图文号和各平台短视频账号，我可以很肯定地说，短视频比图文更简单。所以，本书从短视频编导开始，分享我和我团队 8 年的行业实战经验。

2018 年团队一分为二，从图文到抖音短视频运营，2019 年团队二分为三进行短视频带货，2020 年短视频带货从一包养生茶到一支口红，我的团队都是从零启动开始的。

我的团队既擅长短视频创意编导，也擅长短视频的数据运营。2020 年，广东众上供应链和福建五味子几家供应链公司都到我的团队学习，因为通过短视频，他们的库存产品全部卖光了。

2019 年，我的团队获得品牌强国“新媒体行业”优选单位；到 2022 年有了 100 人的技术运营团队，包括短视频编辑团队、拍摄团队、文案团队、剪辑创意部、企业服务部，还成立了新媒体运营平台——独角兽。在本书中，我们会把短视频的运营进行细分，从选题策划、内容策划，到镜头表达、脚本策划，以及成品拍摄、后期剪辑，再到账号包装、商业转化获利等，进行了全面介绍。

参与本书编写的人员还有孟俊凡、朱霞芳、向小红等，在此一并表示感谢。由于作者的知识水平有限，书中难免存在疏漏之处，恳请广大读者批评、指正，联系微信：2633228153。

温馨提示：本书在编写时是基于当时各软件所截取的实际操作图片，但一本书从写作到出版有一段历程，在此期间，软件界面与功能可能会有所调整与变化，请读者在学习时根据书中的操作思路举一反三。

作　者

2023 年 2 月

目　录

选题策划篇

脚本文案篇

拍摄剪辑篇

包装运营篇

选题策划篇

第1章 认识短视频是编导入门的基础

随着移动互联网的不断发展，智能终端被广泛普及，媒体的形态呈现出多元化的特征，短视频作为一种新的艺术形式应运而生，用于满足大众的娱乐需求。如今，短视频的辐射用户在不断地增加，呈现出巨大的发展潜能。

1.1　概念：短视频的基础知识

随着智能终端的广泛普及，短视频似乎成了人们生活的必需品，在室内的好友见面、亲朋相聚的饭桌上，在室外的公交车、地铁等交通工具上，似乎都能见到人们在刷短视频的场景，可见短视频对于人们的影响之大。

然而，新事物的发展总会有不同的声音，不同的人对于短视频有不同的看法。对于从业者而言，短视频意味着一份大的商机，进入短视频行业意味着有更大的实现自我价值的空间，而学习短视频的相关技巧能够帮助他们在这个行业中更加游刃有余。在此之前，从业者的首要任务是了解短视频的相关基础知识。本节将简要介绍短视频的基础知识，为从业者提供理论指导。

1.1.1　概念特征

同电影、电视一样，短视频的诞生与现代科学技术的发展和人类生活的需求息息相关，且短视频也是一种视听艺术。因此，探究短视频的概念，可以从电影、电视入手。电影与电视统称为影视。所谓影视，是指一种综合运用画面、文字、声音、影像等符号来传播信息、表达价值和塑造人物的媒介。

与文学作品一样，影视是一种艺术表现形式。电影是最早的影视艺术，诞生于 1895 年的法国巴黎，在一家咖啡馆内播放的《火车进站》《工厂大门》等短片是电影正式成为艺术形式的标志。

1900 年，在法国的国际电子大会上首次出现了“电视”这一概念，电视由此出现在大众的视野中。电影与电视成为 20 世纪对人类生活最有影响力的媒介，起着丰富生活、满足娱乐需求的作用。

进入 21 世纪，随着移动互联网的不断发展，电影与电视高度发展与饱和，进入繁荣兴盛时期。但由于智能终端的广泛渗透，移动通信网络技术的高速发展，人们的生活节奏越来越快，传统的影视在呈现时长、画面构造等方面可能难以再满足人们的娱乐需求，由此衍生出了短视频这一艺术形式。

与电影、电视相同，短视频以视频为核心，综合各类符号来传播信息、输出观点等，同样作为一种满足人们娱乐需求的媒介，给予人们视觉与听觉相结合的艺术享受。不同的是，短视频是现今快节奏社会下的产物，它的创作方式相比于电影、电视更加多元化，如在镜头的拼接上，不单单运用蒙太奇手法，还可以加入一些非视频形式的画面，实现更为怪诞、“无厘头”式的视频呈现效果。

短视频最大的特征在于“短”，这是它区别于传统影视的最主要特征，也是它成为当代有影响力、受大众欢迎的艺术形式的主要原因。短视频的播放时长一般在 5 分钟之内。

1.1.2 传播功能

短视频作为一种大众媒介，通过移动网络可以实现发布的内容覆盖全球各个角落，因此它具有强大的传播功能。具体来说，短视频的传播功能具有以下 4 个作用。

1. 传播信息，传达资讯

人类生活离不开资讯的获取，如国家重大政策的颁布、国内外重大事件的交流等，都需要传播媒介的参与，而短视频很好地满足了人们获取资讯、了解信息的需求。因为短视频的视频时长较短，其展示的内容有限，因此会选取最为有效、方便人们获取的方式进行传播，且短视频的制作方式以视觉和听觉同时呈现，给予人们很好的视听感受。

2. 娱乐审美，丰富生活

在当今时代，短视频已经渗透到人们生活的方方面面，成为人们生活的必需品。短视频以其丰富、多元的艺术效果，能够起到陶冶情操、放松娱乐、培养正向的价值观以及提高艺术鉴赏能力的作用，有形或无形地影响着人们的思想观念、行为方式。

例如，短视频创作者利用多个影像、转场、文字和画面组成了一个动漫解说视频，以动画电影的发展史为线索讲述其创作，当中没有枯燥的历史串联，而是通过精美的画面与中肯的观点输出来传达其故事，让人在获得审美体验的同时，也对其有了一定的了解，如图 1-1 所示。

3. 舆论导向，培养三观

当前，我国正处于社会经济迅速发展以及产业结构转型的时期，网络信息纷繁复杂，人们的价值观日益多元化，营造好的价值思潮和健康向上的价值观迫在眉睫。为此，短视频作为主流的传播媒介，在主流价值观的引导上担当着重要的职责。

图 1-1　提供给人们娱乐审美的短视频示例

例如，电视剧《大山的女儿》改编自“时代楷模”黄文秀的真实故事，一经播出，好评如潮。很多短视频创作者以该电视剧的内容为素材制作视频，传播黄文秀的先进事迹，起到了很好的传播正能量的作用。图 1-2 所示为解说电视剧《大山的女儿》的短视频示例。

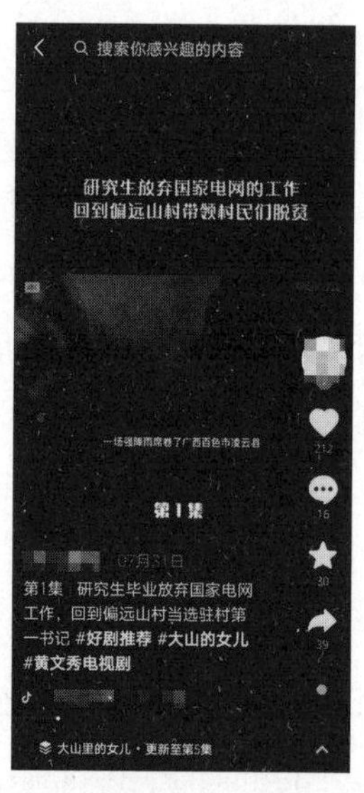

图 1-2　解说电视剧《大山的女儿》的短视频示例

4. 弘扬文化，增强自信

短视频作为大众传播媒介的一种，具有记录与呈现的功能，有义务传承中华民族优秀的传统文化，且对其优秀文化进行弘扬，从而增强我国的民族文化软实力和文化自信。

例如，短视频创作者以潮州木雕传统手艺为内容制作出图文视频，对优秀的传统文化进行传承与弘扬，如图 1-3 所示。

图 1-3　传承与弘扬传统文化的短视频示例

1.1.3　创作流程

短视频的创作是一项技术性和艺术性相融合的工作，其与电影、电视等艺术形式的创作一样，一般会经历前期的创意策划、中期的拍摄录制和后期的剪辑制作三个阶段，下面将对短视频创作的这三个阶段进行简要介绍。

1．前期：创意策划

创意策划是对短视频的拍摄进行构想，主要以编导为核心创作者。编导是影视、短视频等艺术性创作的综合型人才，主要从事包含视频的选题构思、采访、拍摄、编辑制作等一系列的工作，而创意策划是编导创作短视频所要做的第一要务。

前期的创意策划决定了短视频最终的成品效果，这项工作是基础性环节，也是决定性要素，因此，应引起短视频创作者重视。对于短视频创作来说，创作者在进行创意策划时，可以参考如图 1-4 所示的三个步骤进行。

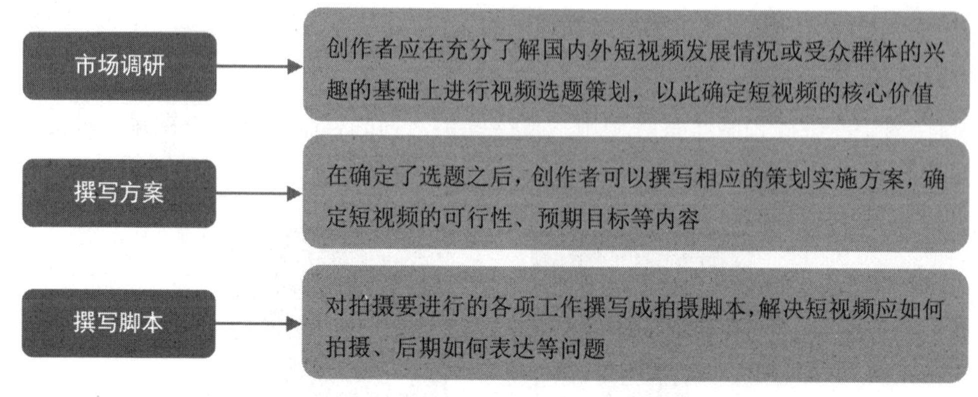

图 1-4　短视频创意策划的三个步骤

2. 中期：拍摄录制

拍摄录制是短视频创作的第二个阶段，其在前期的创意策划的基础上进行。创作者可以参照如图 1-5 所示的三个步骤来进行短视频的拍摄录制工作。

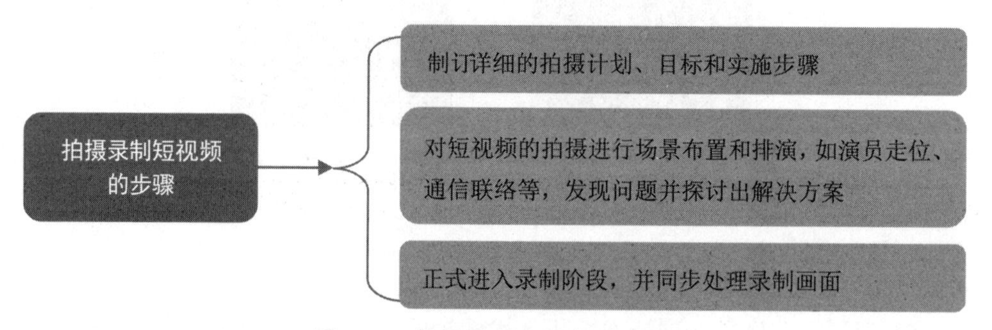

图 1-5　拍摄录制短视频的步骤

3. 后期：剪辑制作

剪辑制作主要是采用专业的技术设备对所拍摄的视频画面、声音素材进行编辑和加工，以呈现出更好的视觉和听觉效果。在这一阶段中，创作者所要进行的工作包括剪辑镜头、添加字幕和特效、处理音效、声画合成等，对存在问题的画面进行补录，以高质量的视频效果呈现为目的进行修改反馈，审查后便可以发布至短视频平台。

1.2　策划：短视频的创意策划

创意策划是短视频创作的前提，也是其成功与否的决定性因素，因此短视频创作的前期需要创作者予以高度的重视。本节将对短视频的策划原则、策划要点和案例分析进行详细介绍。

1.2.1 策划原则

“运筹帷幄之中，决胜千里之外”，意在说明“筹算、有所准备”的重要性，与“策划”的含义相通，均为提前谋划之意。

此后，“策划”一词被广泛应用于广告领域，但准确的定义众说纷纭，尚未明确。大家普遍认同的是，影视策划是策划者遵循一定的规律对影视作品进行选题、拍摄、剪辑、发布等过程的事先设想，它用于指导影视创作实践，且是影视创作的必要环节。影视策划需要遵循以下几个基本原则，短视频策划也适用这些原则。

1. 创新性原则

在短视频平台多样、短视频账号多元化的环境下，策划出优质的短视频主要靠“求新存异”，即创新性。创新性可以帮助所创作的短视频在同类账号中快速地脱颖而出，从而使短视频达到输出观点或获得流量的目的。创作者打造创新性的短视频可以采取以下方式：

（1）以特色、个性化的诉求为创作短视频的目标。

（2）以“我要和别人不一样”或“要和以往的自己不一样”为出发点创作短视频内容。

2. 服务性原则

短视频的创作无论出于何种目的，其主要功能都是为受众提供信息或娱乐服务的，因为短视频也是文化事业的重要组成部分，因此短视频的策划需要遵循服务性原则。短视频的服务性更多的是通过视频内容呈现出来的，如以传授栽培植物的方法为视频内容，教给大众如何培育植物，如图 1-6 所示。

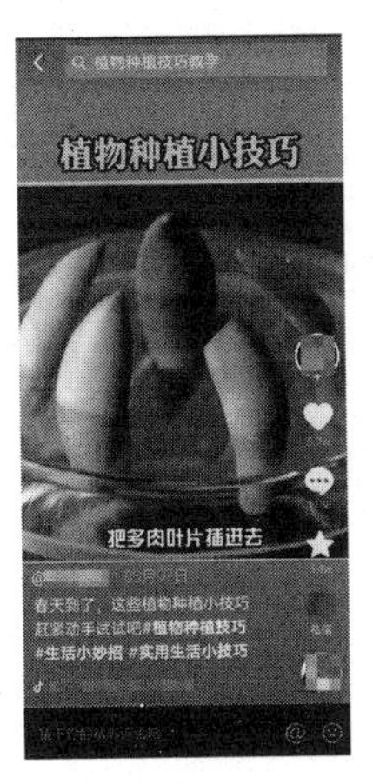

图 1-6　遵循服务性原则的短视频示例

3. 灵活性原则

有一个亘古不变的哲学思维是“万事万物都是处于不断变化之中的”，短视频的策划也如此，随时可能因为可控或不可控的因素而发生变化，因此短视频的策划需要遵循灵活性原则。

例如，在室外的拍摄任务可能随时遭遇雷雨天气，而天气的变化会使拍摄进度延迟或机器出现故障等。为了应对这类情况，短视频创作者在策划时应当提前规划，做足准备。

4. 实操性原则

短视频的策划是一个视频蓝图，主要发挥指导实践的作用，而短视频最终的成品需要经过拍摄与剪辑等实践工作完成，因此在策划短视频时应遵循实操性原则。具体而言，在短视频的策划阶段，创作者应坚持正向的价值观导向，充分考虑短视频的持续性、可行性与低成本性，以达到最优的短视频效果。

例如，在短视频正式拍摄之前，创作者需要对短视频的脚本进行评估，查看故事情节的逻辑是否自洽；拍摄场地、演员和设备等是否具备；策划的内容是否可以通过后期制作实现出来等。这些问题都是创作者在短视频的策划过程中需要考虑的。

短视频效果的呈现越优质，则说明视频的策划越精致，至少创作者在策划方案的可行性或实操性上进行了严格把关。

1.2.2 策划要点

短视频的策划有五大要点，即明确主题、塑造人物、架构世界观、设计叙事结构和灵活运用语言。下面将对这些策划要点进行详细介绍。

1. 明确主题

明确主题是短视频策划的首要任务。我们知道，现今的短视频市场有多种多样的视频内容，如干货技巧类、剧情演绎类、情感抒发类、生活实录类和搞笑段子类等，创作者需要明确自己的短视频内容归属于哪一类型，然后按照这一类型去拍摄相应的内容。

明确主题即内容定位，是指创作者需要对自己所要创作的短视频内容进行定位，定位越精准，短视频的呈现效果越好。明确主题具有三个作用，具体如图 1–7 所示。

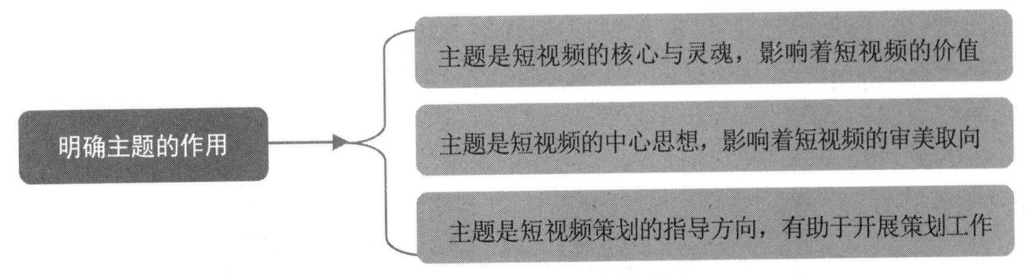

图 1-7 明确主题的作用

2. 塑造人物

短视频的拍摄并非都有人物出镜，但塑造人物是贯穿于短视频策划的一个中心环节，即便是以图文为主要形式输出视频内容的短视频，其中也有人物的存在，即创作者所面向的受众，这也属于塑造人物的一部分。

简而言之，塑造人物是创作者考虑短视频的受众需求而打造出来的一个人物形象。对于非人物演绎类的短视频而言，塑造人物相当于根据受众的需求来打造内容。如以分享手机壁纸为内容的短视频，创作者所塑造的"人物"就是某一特定类型或风格的壁纸。

而对于人物演绎类有故事情节的短视频而言，塑造人物则是当中所出镜的人物形象。创作者在策划这一类短视频时，需要考虑人物形象是圆形人物还是扁形人物，以此来推动故事情节的发展。

所谓圆形人物，是指人物性格相对复杂、丰富的、具有立体感的人物形象，如《红楼梦》里面的王熙凤，她既有泼辣的一面，又有对自己女儿慈爱的一面；而扁形人物是指人物性格比较单一、典型的人物形象，如《红楼梦》里面的林黛玉，她的典型特征是柔情似水。

在短视频的人物塑造中，打造圆形人物或扁形人物没有好坏之分，主要以短视频创作者的内容为主，与内容适配度高的人物形象更能成为短视频的"加分项"。

3. 架构世界观

在文学作品的创作中，一个普遍的观点是"作者将自己所认知的世界通过文学作品展现出来"，简而言之，文学作品所架构的内容即作者的世界观。这一观点用于短视频这类艺术形式的表达中仍旧适用，也就是说，短视频的策划实则是一个创作者架构世界观的过程。

短视频的表达形式如何、故事情节如何走向、布景画面如何呈现等，这些共同组成创作者所理解的世界，而这一世界通过短视频呈现出来。例如，短视频创作者以一只兔子想要凭借自己的力量搬家，最终发现困难重重，不得不求助于其他动物的故事，描绘了一个“人类所生活的世界是互帮互助、充满爱的世界”，如图 1–8 所示。

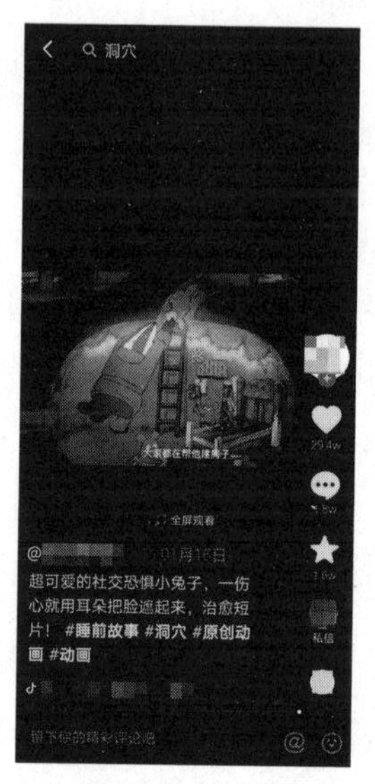

图 1–8　架构世界观的短视频示例

4. 设计叙事结构

叙事，即讲述故事，是短视频的核心要素，因为短视频的呈现主要在于表达一个故事，然后借此故事传达一些价值观。在短视频的策划中，主要工作是设计叙事结构，包含叙事的形式，如镜头拼接、空镜头呈现等；叙事的视角，如第一视角、第三视角等；叙事的受众，即“向谁讲述这一个故事”。

设计叙事结构通常表现为故事情节的设置，包含人物、环境、道具等元素，会有故事的起因、经过和结果。好的故事情节能够充分展现短视频的中心思想及触动观众的情绪变化。

5. 灵活运用语言

这里所说的语言指的是短视频语言，包括画面、声音和文字三个要素。为了呈现出好的短视频效果，要求创作者在策划语言时，应灵活有效地利用画面、声音及文字之间的关系。

具体而言，创作者在策划短视频时，撰写脚本要求具有视觉的形象性，明确所写的每一句话都可以被具体地展现出来，成为镜头形象。为了达到短视频语言的灵活性，创作者可采取如图 1–9 所示的几项措施。

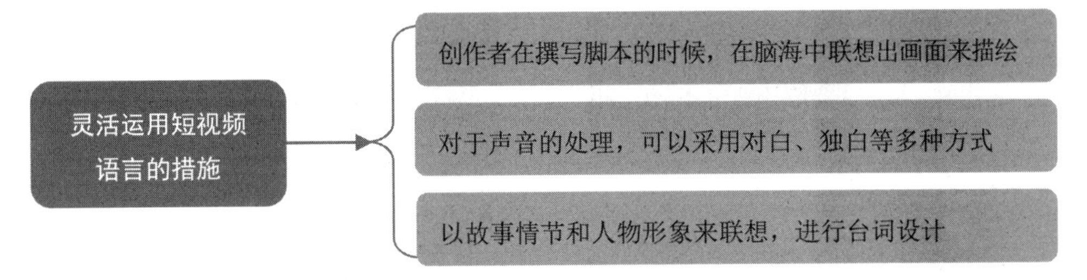

图 1-9　灵活运用短视频语言的措施

1.2.3　案例分析

好的短视频策划可以为短视频带来更多的关注量、点赞数、收藏数等，这些数据虽然不是评价短视频效果的主要标准，但在一定程度上可以反映出短视频策划的水平。

下面以哔哩哔哩平台的短视频创作者“狂阿弥”所创作的短视频为例，择取某一条播放量在 600 多万、点赞数高于 50 万以及收藏数和转发量的数据均破万的视频，进行案例分析。

1. 主题策划，意义深远

这是一条以姚明与篮球为主题的短视频，主要介绍姚明是如何走上打篮球这条路的，以及他在这条路上取得了怎样的成就。短视频的核心思想是介绍姚明的个人成长历程，既是传达短视频创作者自己的某种热爱，也是向姚明致以崇高的敬意。

该条短视频的标题为《一个人，造出让 14 亿人疯狂的巨梦！》，标题给人一种宏大、深远之感，表现出对姚明的敬意，也可从中窥探出他的出色。创作者在标题下用“他究竟如何承受着上亿球迷的期待？”“一个运动员究竟能给世界带来什么？”这两个问题来概括出短视频所要表达的核心内容，也以提问的方式吸引了观众的注意力，如图 1-10 所示。

2. 表现形式，精致优美

这条短视频在创作手法上参考多个影像资料，采用多个画面拼接，保留部分影像的原声以及创作者自己的旁白，再配合画面呈现出不同曲调的背景音乐，给人以好的视听感受，具体分析如图 1-11 所示。

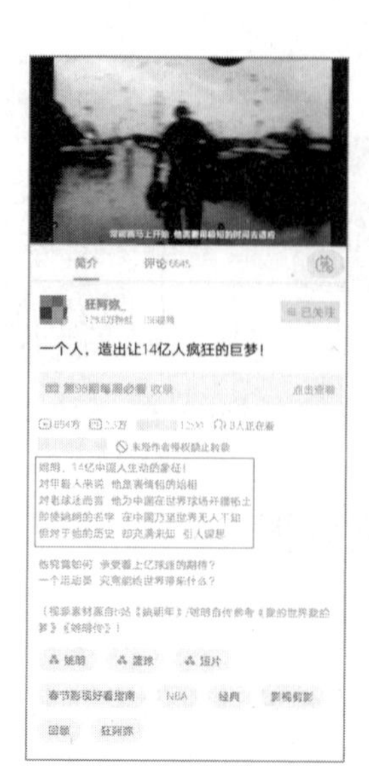

图 1-10　短视频策划案例的主题分析

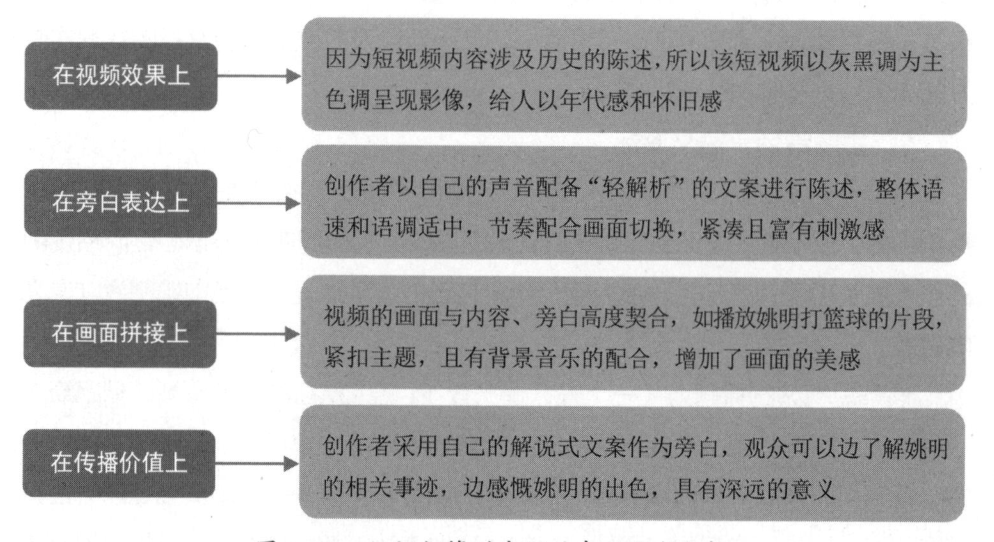

图 1-11　短视频策划案例的表现形式分析

3. 视频风格，独具特色

这条短视频高度总结了姚明的个人经历，并以时间顺序、贯穿人文情怀来介绍姚明其人，让喜欢姚明的球迷更为动容，也让或许只知道姚明其人的观众对姚明有了更深的认识，这是这条短视频的价值所在。这条短视频还有一个优势在于，短视频创作者的视频风格一致，画面有质感，给人一种有个性、有特色的感觉，且从中可以看出创作者创作视频的用心与真诚，因此这条短视频起到了很好的传播效果。

1.3 技术：短视频的创作技术

我们知道，短视频的创作不仅是一门艺术，也是一项技术，它依托于摄像机和非线性编辑系统进行技术创作。摄像机和非线性编辑系统分别应用于短视频创作的中期与后期，掌握相应的使用技术，可以帮助创作者更好地进行短视频的拍摄与剪辑。本节将简要介绍摄像技术和非线性编辑技术。

1.3.1 摄像技术

电影、电视为主的影视创作以摄像机为主要摄像工具，而短视频的拍摄门槛相对较低，我们所使用的智能手机即可完成拍摄任务。但是，无论是使用摄像机还是智能手机进行拍摄，掌握摄像的基本技术是完成拍摄的关键。摄像的基本要领介绍如下。

1. 摄像的基本功

摄像的基本功需要拍摄者掌握 5 个口诀，具体如图 1-12 所示。

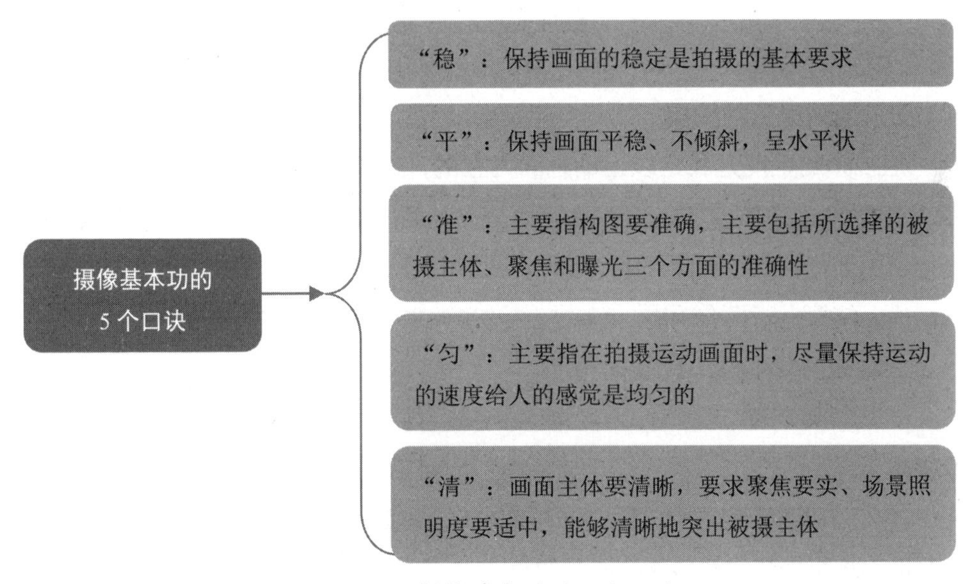

图 1-12　摄像基本功的 5 个口诀

2. 固定画面的拍摄

固定画面的拍摄是指在拍摄设备的位置、焦距和光轴三个要素保持不变的情况下所拍摄的画面。对于短视频拍摄而言，固定画面的拍摄应用最为广泛，主要发挥三个作用，具体如图 1-13 所示。

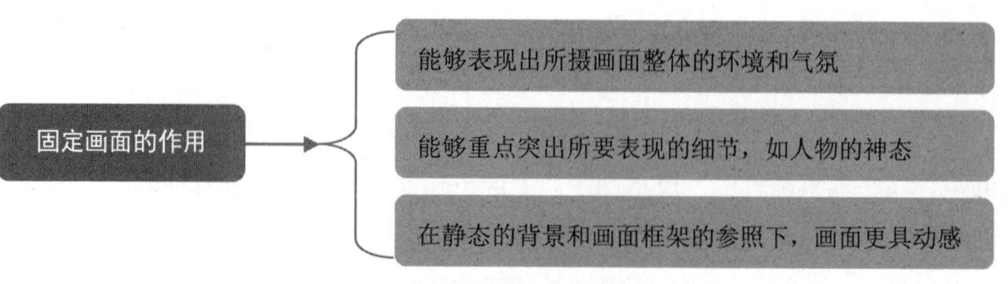

图 1-13 固定画面的作用

在具体的短视频拍摄过程中，拍摄者要实现固定画面，可以掌握几个技巧，具体如图 1-14 所示。

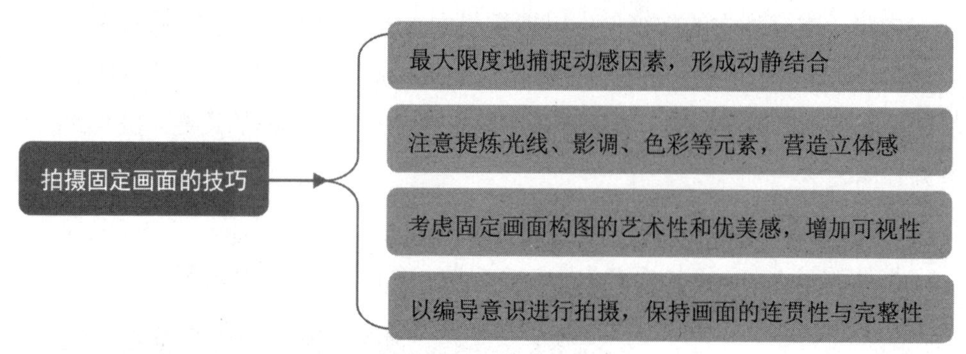

图 1-14 拍摄固定画面的技巧

3. 运动镜头的拍摄

短视频的呈现方式是以运动画面为主的，这是短视频区别于照片和普通画面的主要特征。短视频的运动画面可以分为画面内部的运动，即画面中的人、物、光等自由变化，以及画面外部的运动，即拍摄设备进行多景别、多角度、多层次的切换，使得画面具有动感。运动镜头主要是关于画面外部的运动。

运动镜头发挥着以下几个作用。

（1）相较于固定画面，运动镜头的呈现效果更加丰富多彩，视觉体验更具惊艳感。

（2）在短视频的创作中，运动镜头可以帮助展现时空的变化、场景的转换以及助力故事情节实现最佳的冲突效果。

（3）运动镜头还可以展现人们在观察事物的运动过程，使人物的内心世界更加突出，从而达到一定的情绪和氛围。

关于运动镜头的相关内容，后续章节会有详细介绍，此处不再赘述。

1.3.2 非线性编辑技术

非线性编辑是相对于线性编辑而言的，线性编辑能够保持信号的连续性，实现声音和图像的完美契合；而非线性编辑是借助计算机等数字化技术来实现多个图像和声音的连贯，以创作意图为导向，组合成一个完整的视频效果。

非线性编辑具有制作灵活、效率高、编辑精美度高等优势，为短视频创作者提供了更大的创作空间。非线性编辑由硬件和软件构成，硬件主要以计算机平台为代表；而软件有 Adobe Premiere、EDIUS、Vegas Video 等，这些主要为计算机系统，用于短视频剪辑可以使用手机软件，如剪映 App。

不同的非线性编辑技术因使用不同的软件而有所不同，但基本的步骤大同小异，主要包括素材采集—镜头剪辑—特效处理—声音处理—字幕、图文制作—节目输出 6 个步骤。

1.4 叙事：短视频以叙事为核心

叙事是艺术形式的主要表现形式，也是文学作品和影视作品的核心所在。短视频作为一种艺术形式，其表达方式也离不开叙事。那么，何为叙事？叙事有什么作用呢？本节将详细介绍叙事的内涵、作用、理念、视角、结构等相关内容。

1.4.1 叙事的内涵

简而言之，叙事即“讲故事”，它包含以下三个层次的内容。

（1）叙事话语：指叙事者采用何种视角、使用何种语法规则来讲述故事。

（2）故事：指讲述的主要内容是什么。

（3）叙述行为：指叙事者如何呈现事实来建构故事，以及叙事者如何实现叙事的客观效果。

不同的叙事话语和叙述行为会产生不同的故事，因陈述故事的角度不同产生了不同的版本。

这是叙事的特色所在。如果短视频创作者能够掌握叙事的三个层次内容，以不同方式来叙事，便可以呈现出令人眼前一亮的视频效果。

1.4.2 叙事的作用

影视作品的创作充分吸收了文学和戏剧的叙事技巧，如顺叙、插叙等；而短视频的创作又充分吸收了影视作品的叙事技巧，并融入新型的表现手法，形成了自身独特的艺术形式。叙事在短视频中发挥了两大作用，具体说明如下。

1. 拓展信息传播功能

在短视频的创作中，以视听元素为主的叙事使得短视频更具表现力与感染力。短视频叙事可以向观看短视频的用户传达出一种特殊的时代感，将观众带入一个崭新的世界。

例如，短视频创作者以动画短片的形式讲述了一个土地公和土地婆坚守一座庙，对人们的愿望“有求必应”的故事，呈现出不一样的视频效果，其中传达出的“愿望无止境”的寓言引人深思，如图 1-15 所示。

图 1-15 拓展信息传播功能的短视频示例

2. 传承我国优秀文化

短视频的快速发展，使得我国更多的地域文化和民俗被发现与传播。越来越多的自媒体工作者以短视频的形式记录自己所出生之地的文化特征和风土人情，有助于地域文化的传承与发展，且短视频的传播范围广，还可以推动我国的优秀文化走出国门、走向世界。

例如，短视频创作者以中国传统艺术——剪纸为中心内容来发布视频，通过展现精美的剪纸作品，激发了人们对剪纸艺术的兴趣，进而起到文化传承的作用，如图 1-16 所示。

图 1-16　传承我国优秀文化的短视频示例

1.4.3　叙事的理念

短视频的价值主要通过叙事来表现，创作者借助叙事来传达一定的世界观。大体上来说，短视频的叙事方式或叙事态度主要围绕人来展开，即叙事理念以人为主。具体而言，叙事理念受时代背景、时代语境的制约，表现为以下两种形式。

1. 讲述人的故事

“人是一切艺术表现的永恒主题”，这句话意在说明人对于艺术的重要性，而作为艺术形式之一的短视频的创作也离不开人。短视频的内容取材于人的思想或行为，短视频叙事即讲述人的故事，这是短视频叙事的核心理念。

具体来说，短视频讲述人的故事主要体现在以下两个方面。

（1）短视频的内容以人为主体，取材于人的生活，将故事或事件串联并以视频画面的形式呈现出来。

（2）短视频可以塑造出不同的人物，且所塑造的人物演绎着不同的故事、承载着不同的人生。即便是图文类型的视频内容，也代表着人的观念和意志。

2. 满足人的需求

短视频的创作主要由创作者发出，目的是调动受众的视觉、听觉等感官探索，满足其精神层面的心理需求。例如，记录生活类的短视频创作，创作者通过记录现实生活中的事件、片段向受众进行叙述；而故事剧情类的短视频创作，更多的是对现实世界所发生的事件进行艺术化的加工处理之后，再提供给用户欣赏。

1.4.4 叙事的视角

叙事视角指的是短视频创作者讲述故事的立足点和出发角度，在文学作品中体现为第一人称、第二人称或第三人称。在短视频的创作中，叙事视角具有4种不同类型，即零聚焦视角、亲历者视角、旁观者视角和多视角叙事，详细内容介绍如图1-17所示。

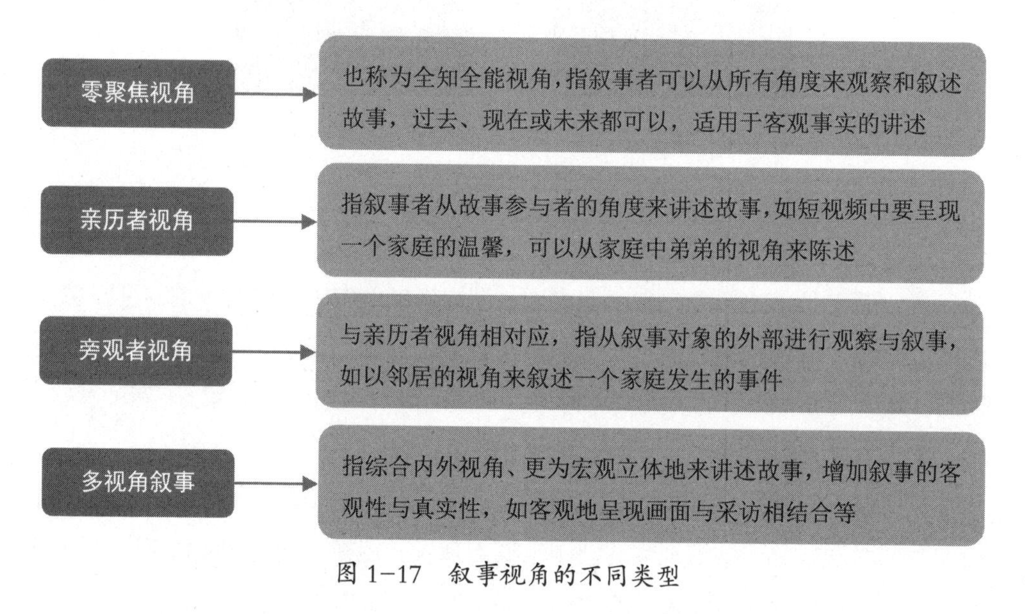

图1-17　叙事视角的不同类型

1.4.5 叙事的结构

叙事的结构指的是叙事者按照一定的逻辑编排来串联故事，并得以陈述。简而言之，叙事的结构聚焦的是叙事者是如何讲述故事的。在小说中，叙事的结构被称为文章的线索；而在短视频的叙事中，因视频内容不同，表现出不同的叙事结构。

短视频的表现形式没有定式，可以借助电影或电视的叙事方式，结合不同的内容采取不同的叙事结构，如阶梯递进式、复线式、中心串联式、板块式等，详细介绍如下。

1. 阶梯递进式

阶梯递进式叙事结构指的是叙事者按照事件发展的顺序或人们认识事件的逻辑顺序来讲述故事。例如，短视频创作呈现一个“意想不到的事件”，按照事件的“起因—发展—高潮—结尾”等顺序来叙述。

这类叙事结构的优势在于可以将所发生的事件循序渐进地呈现给受众，使受众对事件具有清晰的感知。

2. 复线式

复线式叙事结构指叙事者安排两条或两条以上的线索来讲述故事，不同的线索之间既相互独立又紧密联系，构成一个完整的故事情节。例如，短视频创作者为呈现一个“关于爱的故事”，勾勒出男孩与女孩相亲相爱的画面、女孩的外婆与外公相亲相爱的画面，并借助一个相同的物件串联这两组画面，以两条线索、不同时代的人的情感来表现“相爱”这一主题。

采取这类叙事结构讲述故事类似于河流中的不同分流，虽经历的路程不同，但最终都会汇聚到大海中，即两条线索表现同一中心思想，使主题突出，情感得到升华。

3. 中心串联式

中心串联式叙事结构指叙事者以一条主线来串联多个不同的片段，从而组合成一个完整的故事。例如，短视频创作者要描述一个人的成功，从这个人在生活中的幸福感、事业中的成就感、与人相处的和谐以及满足于精神寄托的兴趣爱好等方面来叙述，可以使视频内容更具说服力。

创作者在运用中心串联式叙事结构时，应注意如图 1-18 所示的几个事项。

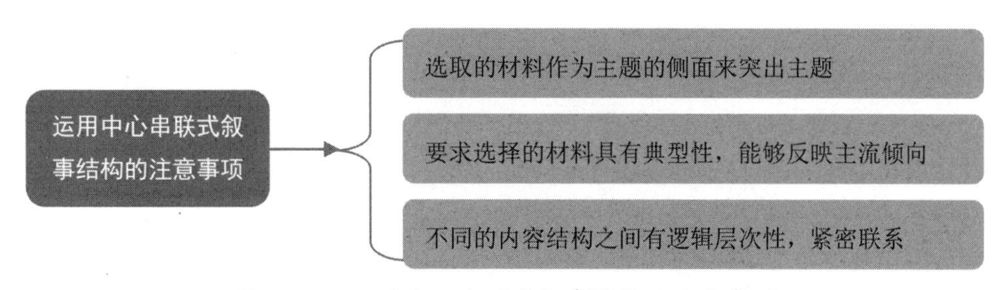

图 1-18　运用中心串联式叙事结构的注意事项

4. 板块式

板块式叙事结构指叙事者使用两个或两个以上的结构单元并列在一起来讲述故事，共同呈现一个主题思想。例如，短视频创作者想要拍摄一条以“自我介绍”为中心内容的短视频，采用板块式叙事结构可以以续集的方式，将自己的人生分为小学、中学、大学等不同的阶段，选取其中有代表性的事件构成结构单元，组建成一个完整的视频内容，从而向受众传达“自己是一个怎样的人”。

专家提醒：板块式叙事结构要求各个板块的内容要相对独立、完整，指向一个主题；板块之间要有紧密的联系，在转换时要有明显的分隔形式。因此，这类叙事结构在内容材料的选择上要求较高，适用于表现有宏大背景、较为崇高的主题。

第2章 创作短视频的要领是选题策划

短视频拍摄以短视频的脚本为理论指导，而短视频脚本的撰写来自创作者的选题策划。选题策划具体指的是短视频内容的涉及领域、涵盖方面、传达意图等，好的选题策划成就好的视频效果，因此创作者应对选题策划予以重视。

2.1 概述：短视频选题的相关内容

短视频的选题相当于为短视频创作选择一条赛道，进行什么样的比赛项目、选择什么样的协助器材、取得怎样的比赛成绩等都取决于这条赛道，即选题决定了短视频的一系列创作工作。

创作者赢得了选题的优势，则相当于获得了优先出发的机会，因此创作者有必要掌握一些选题的相关内容，如选题方向、原则、准则、注意事项等。本节将简要介绍短视频选题的相关内容。

2.1.1 选题方向

选题方向是指为短视频创作选择一个指向标，这个指向标能够帮助创作者策划短视频的内容。对于刚接触短视频的新手而言，可以参考以下14类选题方向，具体介绍见表2-1。

表2-1 短视频创作的选题方向

选题类型	细分领域
剧情类	搞笑的段子、街坊邻里的相处、甜蜜的爱情、幸福的生活、朋友的相处等
娱乐类	舞蹈表演、歌唱展示、杂技表演、与明星艺人相关的内容、星座讲解等
影视类	影视改编、影视混剪、综艺剪辑、电影解说、影评或影视推荐等
生活类	情感、美食、穿搭、美妆、母婴、育儿、养生等
新奇类	技术流、独特手艺、可以循环的内容等
文化类	书法、美术、国学、古风、哲学、历史等
商业类	技能分享、故事融入广告、人物演绎等
资讯类	各行各业的资讯、热点新闻、不同地域的资讯、实时关注的资讯等
三农类	与农村、农业、农民相关的产品或服务推荐
科技类	科技产品测评、科技实验展示、科技术语讲解、科普知识传授、黑科技揭秘、科技创新等
军事类	军事新闻、军事解说、军事历史、军迷等
游戏类	网络游戏、竞技游戏、创意游戏、游戏解说、游戏分享等
宠物类	宠物表演、宠物日常等
体育类	体育赛事剪辑、体育新闻、体育解说等

在上述这些选题方向中，前4类选题几乎占据了短视频内容的大部分，对于短视频创作者而言也是比较容易入门的。如果创作者没有明确的选题方向，则可以从中挑选出合适且感兴趣的领域进行短视频的创作。

2.1.2 选题原则

选题原则可以帮助短视频创作者在选题之初少走弯路，“如鱼得水”。短视频创作者在选题时，应当遵循以用户为导向、输出价值和匹配定位三个原则，详细说明如下。

1. 以用户为导向

以用户为导向主要指创作者在选题时应坚持以满足用户的需求为前提，这是短视频创作获取利益和个人价值输出获得回报的主要途径。具体而言，创作者遵循以用户为导向的原则，需要了解用户的痛点和喜好是什么。例如，某短视频创作者以分享自己清洁厨房油渍的经验作为自己的视频内容，为那些有清洁厨房困扰的人们提供帮助，如图 2-1 所示。

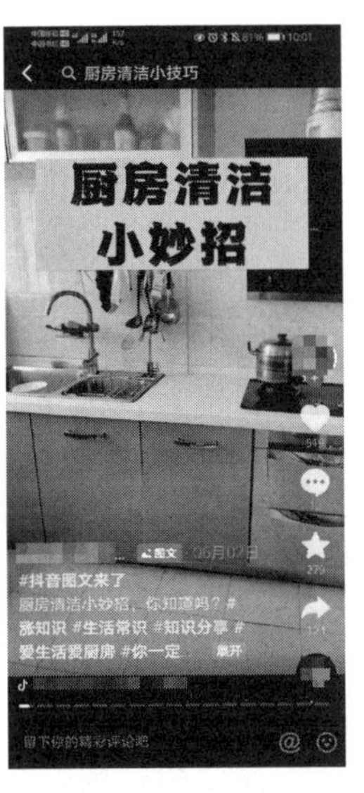

图 2-1 遵循以用户为导向原则的短视频示例

2. 输出价值

短视频的内容选题必须具备一定的价值，即内容是有用的，具体指短视频的内容是对用户有用的，或增长见识，或获得经验，或满足其精神需求等。总而言之，用户在观看完创作者提供的短视频之后，多少都会有所启发，即便是搞笑段子类的短视频，也提供了带给用户快乐和放松的价值。

例如，某位短视频创作者以动画人物的形式展示一些考试瞬间的爆笑场面，生动形象，引人共鸣，引人发笑，如图 2-2 所示。

图 2-2　遵循输出价值原则的短视频示例

3. 匹配定位

匹配定位的原则是指内容的精准性，具体为创作者选题视频内容应与自己的定位相同。例如，某位创作者给自己的短视频定位为美食分享，那么在选题方向上主要为生活类中的美食领域，而非美妆领域，这也是短视频行业中常说的内容有垂直度。在短视频获取利益方面，内容有垂直度的视频输出更有助于增加用户的关注，从而实现通过短视频获利的目标。

2.1.3　选题准则

从短视频创作的目标出发，大多数短视频发布都是为了获取一定的利益，最为直接的便是获得经济利益。而要实现这一直接目标，创作者需在短视频选题上多下功夫。在参考选题方向、遵循选题原则的基础上，创作者在选题时还可以按照以下三个准则进行。

1. 按照内容确定目标人群

创作者在确定视频选题之后，需要定位所做的这部分内容聚焦哪一类人群，即确定目标受众。类似于作者在写作文学作品时会虚构出“隐含读者”一样，短视频的创作也需要虚构出一定的目标受众，即解决这条短视频主要提供给哪一类人群观看的问题。

例如，短视频创作者定位自己所要拍摄的内容是关于练字的技巧分享，选题方向为文化类中的书法领域，则该短视频主要针对的受众为对书法感兴趣或想要练习书法的人群，如图 2-3 所示。

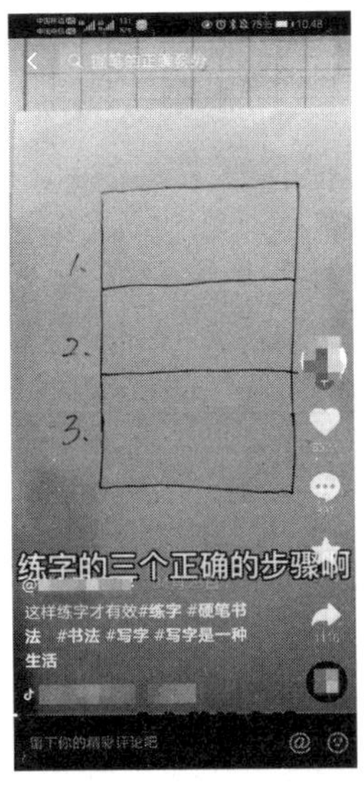

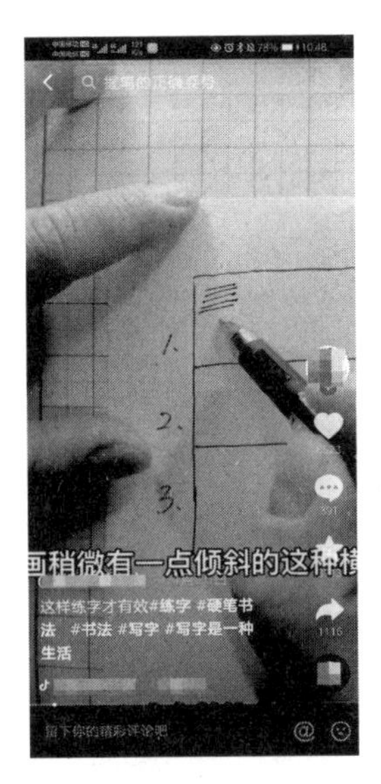

图 2-3　按照内容确定目标人群的短视频示例

2. 确定运营目标

短视频创作者创作出优质的短视频，且持续不断地更新视频内容，最为主要的动力是达到运营目标。不同类型的短视频选题有不同的运营目标，如搞笑娱乐类的短视频选题，主要的目的是通过传达情感价值来获取用户的关注；生活类的短视频选题，主要的目的是通过传达干货知识来获取用户的信任，从而为短视频带来更多的流量。

创作者应结合自己的短视频选题方向来确定运营目标，以督促自己持续性地投入短视频的创作。

3. 选题贴近大众生活

如果短视频创作者想要快速地获取流量或收益，则可以考虑选择贴近大众的选题。从大众的口味出发，创作出大众喜闻乐见的视频内容。纵观人类发展的长河，大众最为感兴趣的内容不外乎情感类的内容，事关亲情、友情、爱情三大类情感问题的视频内容大多会引起人们的关注。

因此，短视频创作者可以从这一角度出发，设计出关于情感的故事情节来创作视频内容，以获得更多用户的关注和为短视频带来更多的流量。

例如，短视频创作者以动画电影解说的形式来分享关于“父亲节”的故事，以温情的画面和故事情节来引发人们对于亲情的共鸣，治愈性的主题传达成功获得了上万人的点赞，如图 2-4 所示。

图 2-4　选题贴近大众生活的短视频示例

2.1.4　注意事项

短视频创作者在上述的选题原则、准则的指导下进行选题，可以使选题这项工作事半功倍，但在其过程中，还需要注意一些选题“雷区”，不可逾越。图 2-5 所示为短视频选题的注意事项。

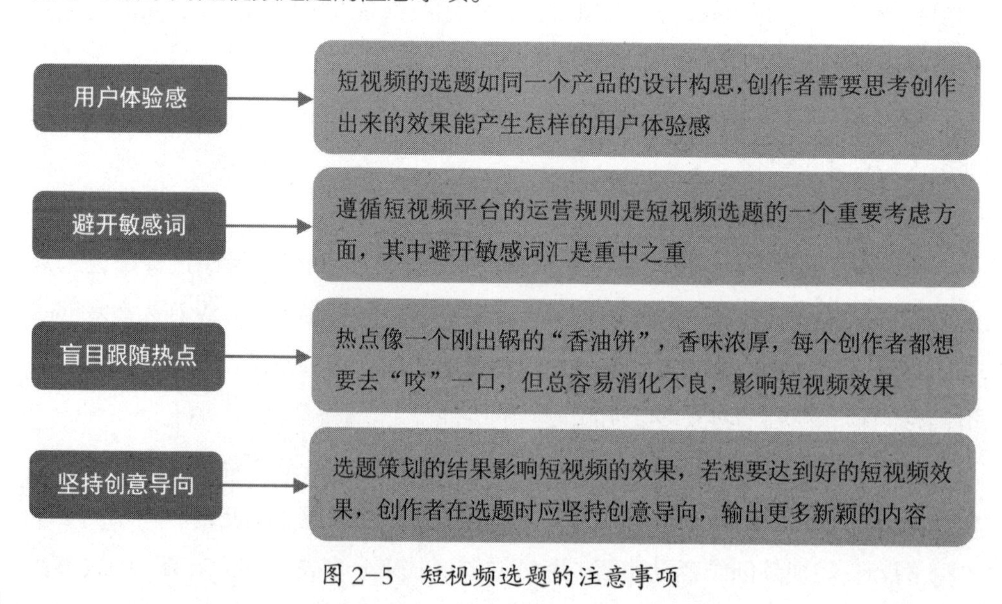

图 2-5　短视频选题的注意事项

2.1.5 建立选题库

短视频创作者如果想要持续性地输出有价值的视频内容，则可以建立自己的选题库，以指导视频内容的创作。一般而言，有三种选题库可供参考，具体如图 2-6 所示。

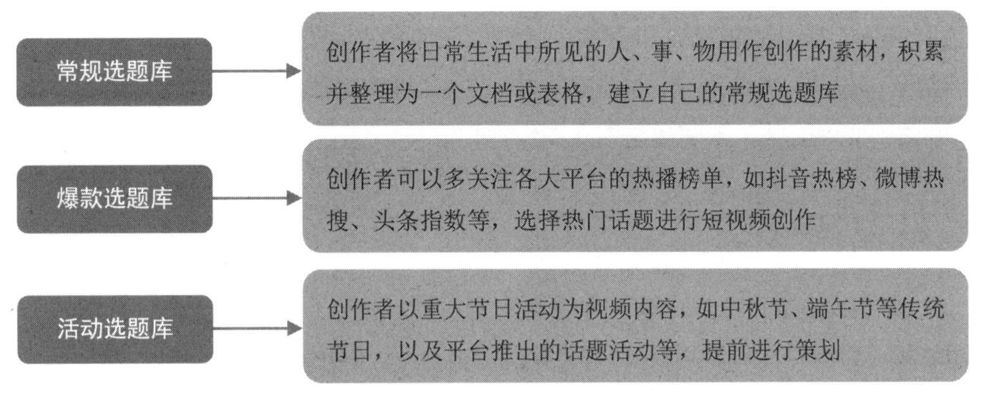

图 2-6　不同类型的短视频选题库

例如，在中秋节即将来临之际，有短视频创作者以此为主题，提前策划出与中秋节相关的视频内容进行庆祝，如图 2-7 所示。

图 2-7　建立活动选题库的短视频示例

专家提醒：虽然常规、爆款、活动三类选题库可以满足几乎所有短视频创作者的需求，但是创作者在具体实践中应融入自己的风格，以保证视频内容的独特性与创意性。

2.2 要素：短视频选题的不同维度

具体而言，短视频创作者在正式进入选题阶段前，还需要考虑选题的影响因素，即选题的不同维度，选择适合自己的，且自己感兴趣的选题，才能保持短视频创作的持续性。本节将简要介绍短视频选题的五个维度，为创作者提供参考。

2.2.1 高频关注点

短视频创作者在拟选择一个话题时，需要从效益性出发，考虑这个话题是否是短视频用户的高频关注点，这关系到短视频发布后的粉丝数、点赞数、转发量等利益转化数据。因此，短视频创作者在选题时，应尽量靠近用户的高频关注点。

而判断一个选题是否为用户的高频关注点，创作者可以通过分析同类视频账号、搜索同类内容的视频排名、进行问卷调查、结合自己的生活经验等方式来进行，详细说明如图 2-8 所示。

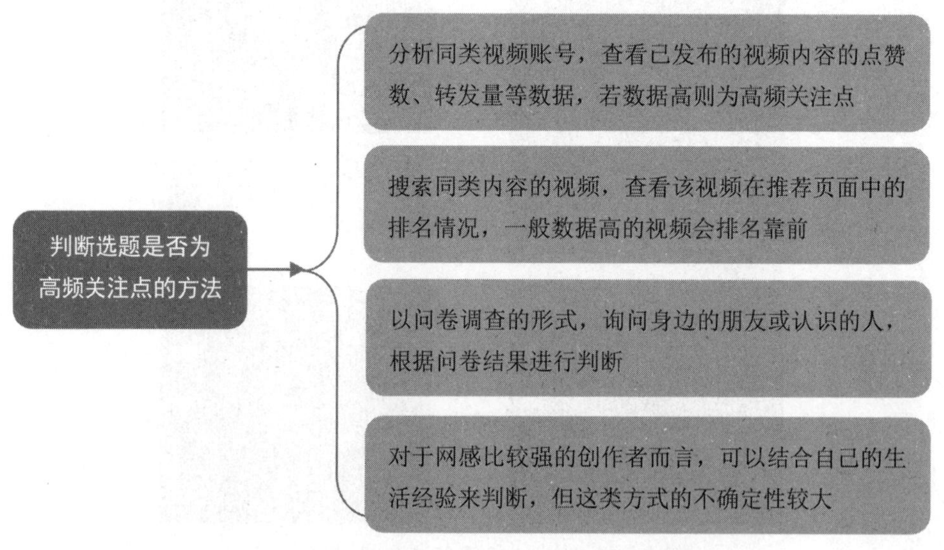

图 2-8　判断选题是否为高频关注点的方法

专家提醒：对于短视频创作者而言，网感是指创作者对于短视频平台的敏感程度，具体指能够感知到哪类视频内容一定会受到用户的喜欢，哪类视频内容不太能获得关注度。网感的建立要求创作者有丰富的互联网“冲浪”经验、极强的洞察力和敏锐的判断力，对于新手创作者而言是需要日积月累的。

2.2.2 选题难易程度

短视频创作者在选题时，需要考虑拟选话题的可行性。一般而言，高质量的视频选题必定是具有一定难度的，它需要花费大量的时间、精力和成本来制作，但是制作完成的效果也是与投入成正比的。

从短视频的价值来看，高难度的选题意味着高价值，而高价值的视频内容对于用户来说是极为认可的，因为短视频用户大多也是具有鉴赏力的，他们通过观看短视频，或多或少能够察觉出这条短视频的制作程度、意义何在以及投入多少。

例如，短视频创作者“老师好我叫何同学”以自制高科技产品为内容，输出高科技产品的价值。由于科技产品的制作难度之大，其短视频更新的频率也较低，他的一条短视频需要投入几个月的时间和重复多次的实验才能发布，所以他的视频选题难度很大。但也正是因为投入大，他的短视频制作精良，受到上百万网友的青睐。图 2-9 所示为该短视频创作者发布的制作难度较大的短视频示例。

图 2-9　制作难度较大的短视频示例

2.2.3 建立差异化

差异化是指区别于同类事物的特征，如人的名字，是用作区分不同的人的符号。或许名字还不够具有差异化，因为总有取相同名字的人。

短视频也是如此，在短视频平台的“深海”中，相同的视频内容输出、相同的视频账号不可避免，而为了保证个人的独创性，短视频创作者需要建立差异化。借助独特的账号名称或独创的视频风格来取得与同类账号的竞争优势，以增加账号的识别度，有助于增加粉丝的黏性。

例如，短视频创作者“厨子与驴”的视频内容为“不着调”的创意发明展示，通过展示“泥人口吹风扇、鸭子充电模型、搓澡式洗衣机”等奇怪且富有创意的发明，再配合生活化的故事情节，创作出生动有趣的视频内容，获得了一千多万粉丝的关注。该账号内发布的视频风格一致，但视频内容都独具特色，令人难以模仿。图 2-10 所示为该账号内发布的具有差异化特征的短视频示例。

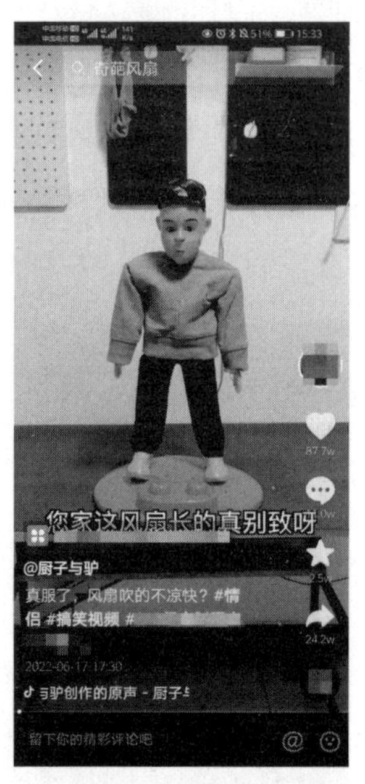

图 2-10 建立差异化的短视频示例

2.2.4 不同的叙事视角

选择以何种视角来进行叙事，也是短视频创作者在选题时需要考虑的问题，不同的视角会影响用户的观看体验，进而影响短视频的呈现效果。在短视频的创作中，常用的视角有以下几个，且不同的视角发挥着不同的作用。

（1）第一视角：指站在粉丝的视角来创作短视频。创作者在以这一视角创作短视频时，通常会在短视频中以“我们”自称，代表创作者与用户是一体的，给用户的感受较为亲切，容易感染用户的情绪。第一视角比较适合分享好物类的短视频选题，站在用户的角度来分享，更具说服力。

（2）第二视角：指短视频创作者类似于运动场或竞技场上裁判的角色，从这一视角出发创作内容，基本处于中立的状态，适合比较客观、少有主观性思想的短视频选题，如产品测评。图 2-11 所示为某位短视频创作者以第二视角测评玩具的短视频示例。

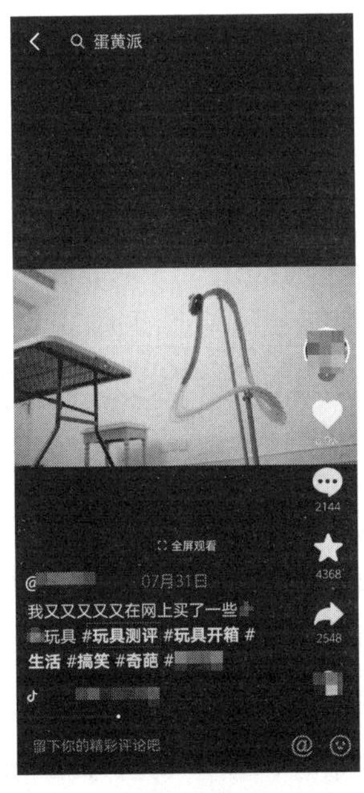

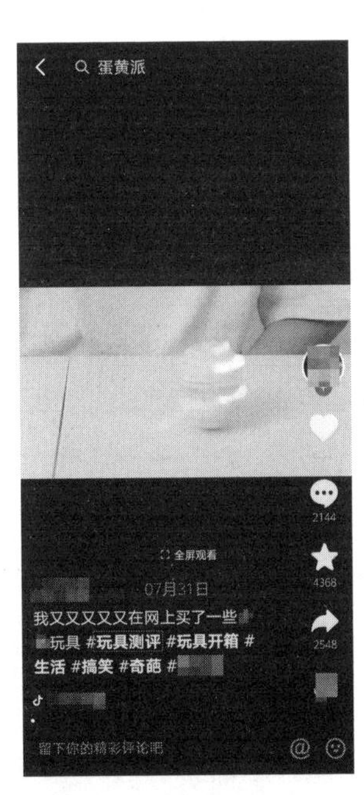

图 2-11　以第二视角创作视频内容的短视频示例

（3）第三视角：这一视角类似于观影中的观众，属于视频内容之外的“局外人”。第三视角比较适合剧情解说类的短视频选题，可以营造出与观众一同观影的效果。

2.2.5　行动成本的高低

行动成本的高低影响短视频价值的高低。所谓行动成本，是指短视频选题对于用户的影响大小，对技巧类的选题内容影响较为明显，具体指用户在观看完技巧类的短视频之后，实践其技巧所花费的时间成本。

一般而言，行动成本越低，则意味着短视频选题的效益越高。如短视频创作选题为分享如何制作一道美食，其食材简单、烹饪手法简单且口味绝佳，则说明该短视频的行动成本较低，用户在观看完之后会产生较大的兴趣，而该短视频产生的效益会较高。

2.3 来源：短视频选题的参考思路

短视频创作者在掌握了短视频选题的相关原则、准则以及维度等理论知识之后，将正式进入选题的实践中，可以从对标竞品、用户的反馈、不同类型的热点等方面出发来选取短视频创作的话题。本节将简要介绍这些不同的短视频选题思路。

2.3.1 对标竞品

所谓对标竞品，主要是指通过分析同类账号的数据来确定自己的选题。一般而言，创作者在决定进入短视频行业之前，多少会有大致的、想要创作的视频内容方向。如创作者以自己会唱歌为特点，想要创作唱歌类的短视频。对于这类创作者而言，运用对标竞品的方式，主要在于分析唱歌类短视频中比较火爆、各方面数据比较好的账号，找出其火爆的原因，进而确定出自己的选题方向。

或许还有一些短视频创作者可能对于选题没有一丁点儿方向，不知道该如何下手。那么，对于这类创作者而言，运用对标竞品的方式，则在于分析各行各业或自己所了解的、具有极大影响力的视频账号，查看其各方面的数据，从中找出比较受粉丝欢迎的主题作为自己的选题。

需要注意的是，对标竞品这类选题方式只是充当选题借鉴的作用，从短视频的长远发展来看，创作者应尽量保持独创性或具有自己特色的内容输出。

2.3.2 用户的反馈

用户的反馈是表现用户想法、满足用户需求的选题的有效来源。对于短视频创作来说，用户的反馈可以从短视频的评论功能中得知。

在创作短视频的初期，创作者可以从其他短视频创作者的账号下寻找用户的反馈。如果创作者在自己所喜欢的、优秀的短视频创作者的账号下找到了可以作为选题的用户的反馈，那么在无其他因素干扰的情况下，这个选题成功的概率会很大。

2.3.3 不同类型的热点

不同类型的热点实际上是借助当下流行的元素来充当选题，包括时事热点、节日热点和平台活动三种类型，详细介绍如下。

1. 时事热点

时事热点指由社会、民生、娱乐等方面引发的热门讨论话题。这类热点的特点是爆发性强、流量大，创作者可以从中提取核心的关键词进行选题创作，发布短视频来获得高流量。

但这类选题需要保证时间的准确性，无法提前，也不能延迟，否则容易丧失最佳时机。而且在创作这类选题的短视频时，创作者尽量不要抱有太大的期望，避免短视频效果不佳，失去创作短视频的信心。

2. 节日热点

节日热点指重大节日、节点，如中秋节、“双十一”等。短视频创作者可以借助这类热点，提取其中的元素，作为短视频选题，以实现短视频的高关注度。例如，在中秋节即将来临之际，短视频创作者可以从人文角度出发，讲述一个关于家人团圆的温馨故事作为短视频的输出内容。

3. 平台热点

平台热点指各个平台举办的活动、热门话题、热门音乐等。这类热点的特点是发生的频率高、容易模仿且有效时限较长。创作者可以融合自己的专业所长去参与相应的活动作为短视频选题，既输出了视频内容，也能够获得更多的流量。

例如，某位短视频创作者将抖音热门歌曲融入自己的视频内容中，音乐配合动画画面，给人极高的审美体验，如图 2-12 所示。

图 2-12　以平台热点为选题的短视频示例

第3章 内容策划决定短视频的成败

做好短视频运营的关键在于内容，内容的好坏直接决定了账号的成功与否。用户之所以关注你、喜欢你，很大一部分原因就在于你的内容成功吸引了他、打动了他。本章主要介绍短视频的内容策划技巧，帮助大家打造优质的内容。

3.1 内容：短视频获得高关注量的核心

很多人在拍短视频时，不知道该拍什么内容，不知道哪些内容更容易上热门。本节将给大家分享一些常见的“爆款”短视频内容形式，帮助短视频新手运营者的账号快速获得高关注量或点击量。

3.1.1 以人物外形让人一见倾心

用户给短视频点赞的很大一部分原因是他们被短视频中的人物“颜值”所吸引。比起其他的内容形式，好看的外表确实很容易获取大众的好感。

这里所说的“一见倾心”并不单单指短视频中的人物“颜值”高或身材好，而是通过一定的装扮和肢体动作，在短视频中表现出来“充分入戏”的镜头感。因此，“一见倾心”是“颜值＋身材＋表现力＋亲和力”的综合体现。

专家提醒：注意，人物所处的拍摄环境也相当重要，必须与短视频的主题相符合，而且场景要干净整洁。因此，创作者要尽量寻找合适的场景，不同的场景可以营造出不同的视觉感受，通常是越简约越好。

在抖音上我们可以看到，很多“颜值”高的运营者只是简单地唱一首歌、跳一段舞、在大街上随便走走，或者翻拍一个简单的动作，即可轻松获得百万点赞。从这一点上可以看到，外形吸引力型的内容往往更容易获得大家的关注，创作者可以尝试从这一方向入手进行内容创作。

3.1.2 融入搞笑元素“引人入胜”

现今，我们打开抖音 App，随便浏览几个短视频，就能看到其中有搞笑类的视频内容。这是因为短视频毕竟是人们在闲暇时间用来放松或消遣的娱乐方式，平台也非常喜欢这些搞笑类的视频内容，并且更愿意将这些内容推送给用户，增加用户对平台的好感，同时让平台变得更为活跃。

因此，创作者可以以此为方向，依据平台的喜爱内容，通过在自己的短视频中添加一些搞笑元素，增加视频内容的吸引力，让用户看到短视频后便忍俊不禁，从而实现短视频的高点赞数或转发量。创作者在拍摄搞笑类短视频时，可以从如图 3-1 所示的几个方面入手来创作内容。

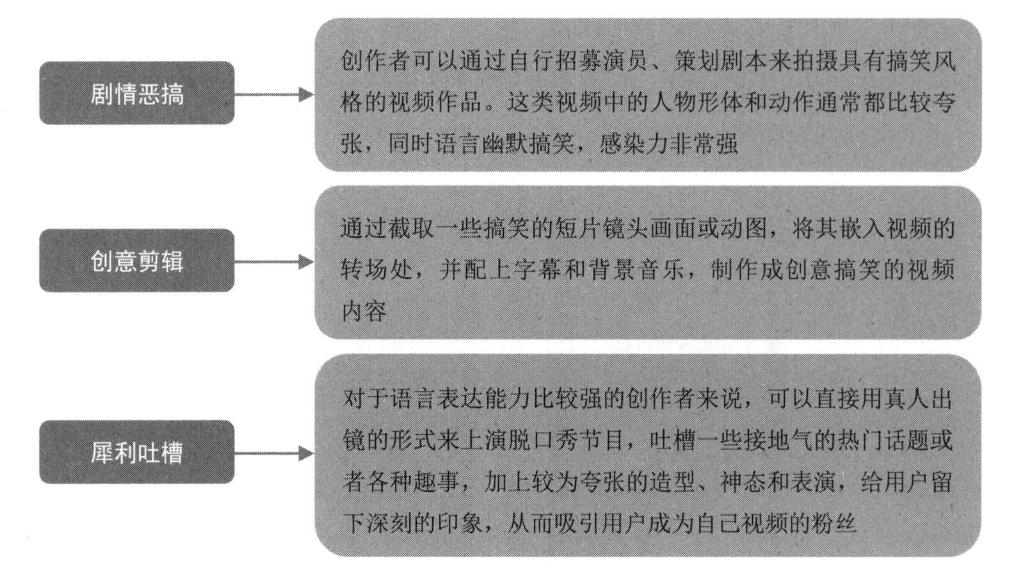

图 3-1　搞笑类短视频的创作技巧

专家提醒：创作者也可以自行拍摄各类原创幽默搞笑段子，变身搞笑达人，轻松获得大量粉丝的关注。当然，这些搞笑段子的内容最好来源于生活，与大家的生活息息相关，或者就是发生在自己周围的事，这样会让人们产生亲切感。

另外，搞笑类的视频内容涵盖面非常广，各种酸甜苦辣应有尽有，不容易让用户产生审美疲劳，这也是很多人喜欢搞笑段子的原因。

3.1.3　以“萌值”入镜抚慰心灵

与“颜值”类似的“萌值”，如萌宝、萌宠等类型的短视频内容，同样具有难以抗拒的强大吸引力，能够让用户瞬间觉得心灵被治愈了。在短视频中，那些憨态可掬的萌宝、萌宠具有很强的治愈力，不仅可以让短视频快速成为热门视频，而且还可以获得用户的持续关注。

“萌”往往和“可爱”这个词对应，所以许多用户在看到“萌”的事物时，都会忍不住多看几眼，而“萌宝”是深受用户喜爱的一个群体。因为萌宝本身看着就很可爱，而且他们的一些行为举动也容易让人觉得非常有趣，所以与萌宝相关的视频就能很容易地瞬间吸引许多用户的眼球。

当然，“萌”并不是人类的专有形容词，小猫、小狗等可爱的宠物也是“萌态”的代表。许多人之所以养宠物，是因为他们觉得萌宠特别惹人疼爱。如果创作者能把宠物在日常生活中惹人疼爱、憨态可掬的一面通过短视频展现出来，也能够轻松地吸引用户的目光，从而实现短视频的高关注度。

也正是因为如此，在抖音上兴起了一大批“网红”萌宠。例如，“会说话的刘二豆”在抖音上获得了近 4 000 万的粉丝关注，其内容以记录两只猫在生活中遇到的趣事为主，在短视频中经常出现各种“热梗”，配以“戏精”主人的表演，给人轻松愉悦之感，如图 3-2 所示。

图 3-2　以萌宠为内容的短视频示例

3.1.4　借助才艺表演使用户折服

“令人折服”的内容类型是指在短视频中展示各种才艺技能，如唱歌跳舞、影视特效或者生活化的冷门匠人技能等，或者拍摄“技术流”类型的短视频，能够让用户由衷佩服。在创作这种类型的短视频内容时，要注意才艺的稀缺度和技能的专业度，同时还要有一定的镜头感，这样才能获得用户的大量点赞。

才艺包含的范围很广，除了常见的唱歌、跳舞之外，还包括摄影、绘画、书法、演奏、相声、脱口秀、武术、杂技等。只要短视频中展示的才艺足够专业、独特，并且能够让用户觉得赏心悦目，那么短视频就能很容易上热门。

例如，“技术流”类型的短视频内容，主要通过让用户看到自己难以做到，甚至没有见过的事情，从而引起他们内心的佩服之情。以视频特效这种“技术流”内容为例，普通的创作者可以直接使用抖音上的各种“魔法道具”和控制拍摄速度的快慢等功能来实现一些简单的特效；对于较为专业的创作者来说，则可以使用剪映、Adobe Photoshop、Adobe After Effects 等软件来实现各种酷炫的特效。

与一般的短视频内容不同，才艺技能类的短视频内容能让一些用户眼前一亮，因为他们此前从未见过，所以会觉得特别新奇。如果用户觉得短视频中的技能在日常生活中用得上，那么他们甚至还会进行收藏和转发。

3.1.5 记录“无法言喻”的瞬间

“无法言喻”的内容类型是指难以用图文来描述的短视频内容，如优美的自然风光，或者生活中的精彩瞬间，这些都能够带给用户深刻的感受。

例如，风光类短视频是很多 Vlog 类创作者喜欢拍摄的题材，如图 3-3 所示。用户通常利用自己的碎片化时间来观看短视频，因此创作者需要在短视频开始的前几秒就将风光的亮点展现出来，同时整个短视频的时间不宜过长。

图 3-3　风光类短视频示例

需要注意的是，风光类短视频的后期处理是必不可少的，还需要搭配应景的背景音乐。同时，创作者在发布风光类短视频时，可以稍微卖弄一下文采，给短视频加上一句能够触动人心的文案或相关话题，和粉丝产生共鸣，从而带动作品的话题性，这样产生“爆款”短视频的概率会更大。

3.2 创意：打造眼前一亮的短视频内容

有了账号定位，有了拍摄对象，有了内容风格后，我们还缺点什么？此时，创作者还需要在短视频中加入一点创意玩法，使短视频更快速地火爆起来。本节将为大家介绍一些短视频常用的热点创意玩法，帮助大家快速打造"爆款"短视频。

3.2.1 热梗演绎，增加热度

短视频的灵感来源除了靠自身的创意想法外，创作者也可以多收集一些热梗，这些热梗通常自带流量和话题属性，能够吸引大量用户点赞。

创作者可以将短视频的点赞量、评论量、转发量作为筛选依据，找到并收藏抖音、快手等短视频平台上的热门短视频，然后进行模仿、跟拍和创新，打造出自己的优质短视频作品。

同时，创作者也可以在自己的日常生活中寻找这种创意搞笑短视频的热梗，然后采用夸大化的创新方式将这些日常细节演绎出来。另外，在策划热梗内容时，创作者还需要注意如图 3-4 所示的几个事项。

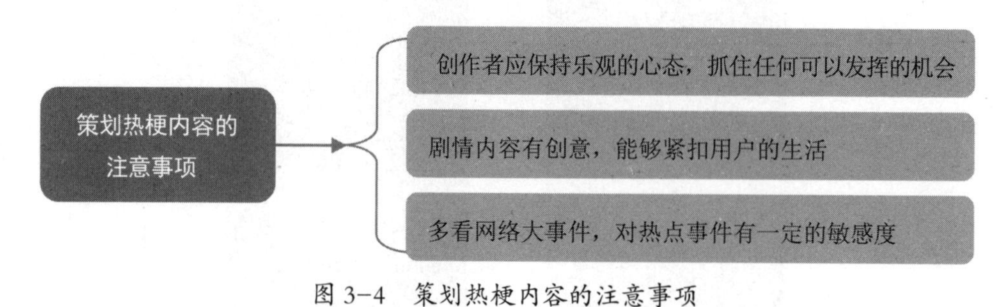

图 3-4 策划热梗内容的注意事项

3.2.2 影视混剪，浓缩精华

在西瓜视频和抖音等短视频平台上，经常可以看到各种影视混剪的短视频作品，这种内容创作形式相对简单，只要会剪辑软件的基本操作即可完成。影视混剪短视频的主要内容形式为剪辑电影、电视剧或综艺节目中的主要剧情桥段，同时加上语速轻快、幽默诙谐的配音解说。

这种内容形式的主要难点在于创作者需要在短时间内将相关影视内容完整地说出来，这就需要创作者具有极强的文案策划能力，能够让用户对各种影视情节有一个大致的了解。影视混剪类短视频的创作技巧如图 3-5 所示。

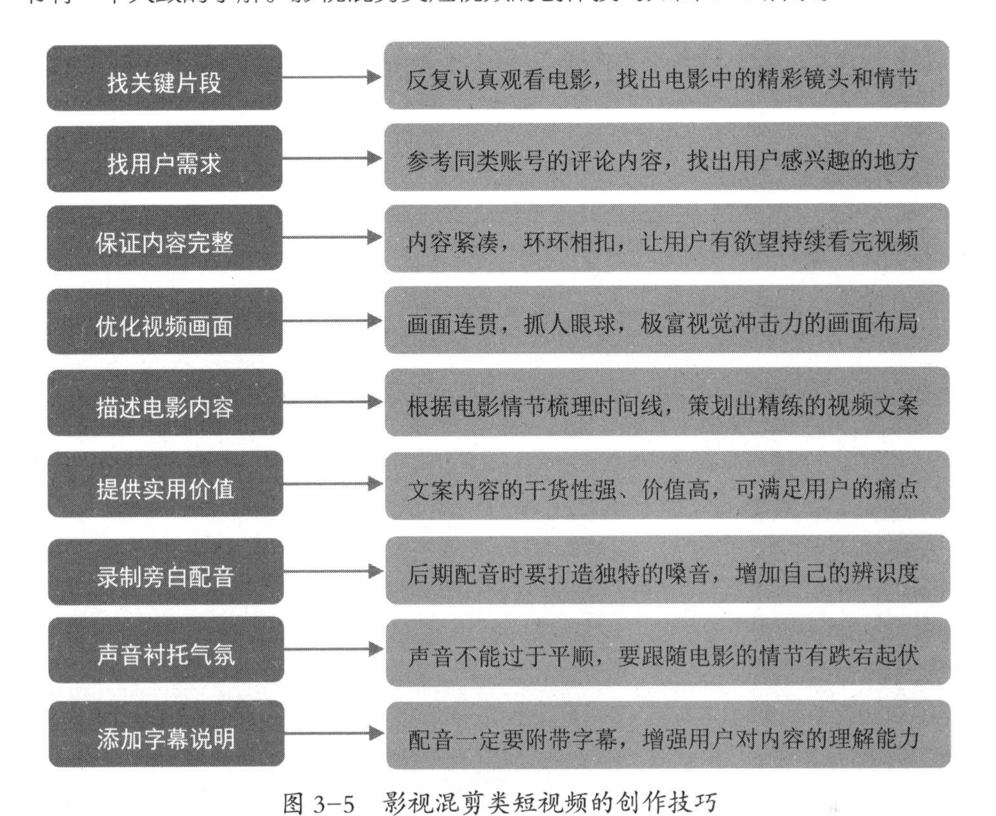

图 3-5　影视混剪类短视频的创作技巧

当然，创作影视混剪类的短视频内容，创作者还需要注意两个问题：首先，要避免内容侵权，可以找一些不需要版权的素材，或者购买有版权的素材；其次，避免内容重复度过高，可以采用一些消重技巧来实现，如抽帧、转场、添加贴纸等。

3.2.3　游戏录屏，充当视频

游戏类短视频是一种非常火爆的内容形式，在创作这种类型的短视频内容时，创作者必须掌握游戏录屏的操作方法。

大部分智能手机自带录屏功能，快捷键通常为长按【电源键 + 音量键】开始，按【电源键】结束，大家可以尝试或者上网查询自己手机型号的录屏方法。打开游戏后，录制游戏画面，然后将录制的视频作为短视频的内容发布。

对于没有录屏功能的手机来说，也可以去手机应用商店中搜索下载一些录屏软件。另外，利用剪映 App 的“画中画”功能，可以轻松合成游戏录屏界面和主播真人出镜的画面，创作出更加生动的游戏类短视频作品。

3.2.4　课程教学，分享知识

在短视频时代，我们可以非常方便地将自己掌握的知识录制成课程教学的短视频，然后通过短视频平台来传播并售卖给用户，从而帮助创作者获得不错的收益和知名度。

> 专家提醒：如果创作者要通过短视频开展在线教学服务，那么他首先要在某一领域比较有实力和影响力，这样才能确保教给付费者的知识是有价值的。另外，对于课程教学类短视频来说，操作部分相当重要，创作者可以根据点击量、阅读量和粉丝咨询量等数据，精心挑选一些热门、高频的实用案例。

课程教学类短视频内容的创作有相关技巧可参考，如图 3-6 所示。

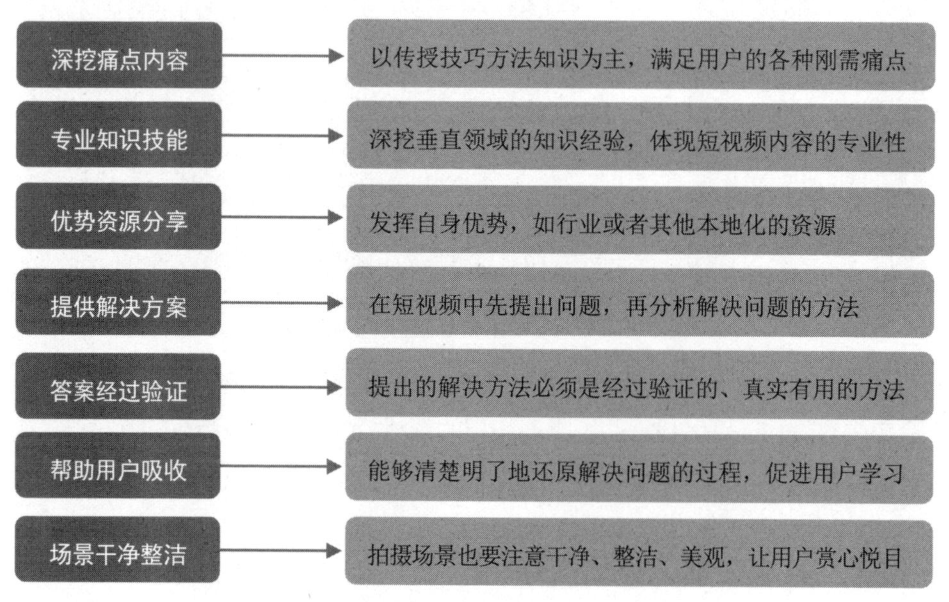

图 3-6　课程教学类短视频内容创作的相关技巧

3.2.5　节日热点，增加人气

各种节日向来都是营销的旺季，创作者也可以借助节日热点来进行短视频内容创新，提升作品的曝光量。

创作者可以从拍摄场景、服装、角色造型等方面入手，在短视频中打造节日氛围，引发用户共鸣，相关技巧如图 3-7 所示。

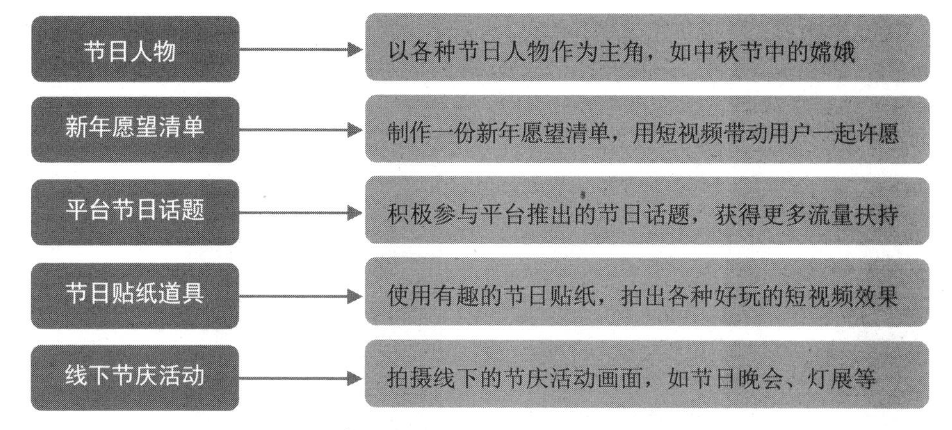

图 3-7　在短视频中蹭节日热度的相关技巧

例如，在抖音 App 上就有很多与节日相关的贴纸和道具，而且这些贴纸和道具是实时更新的，在创作短视频的时候不妨试一试，说不定能够为你的作品带来更多人气，如图 3-8 所示。

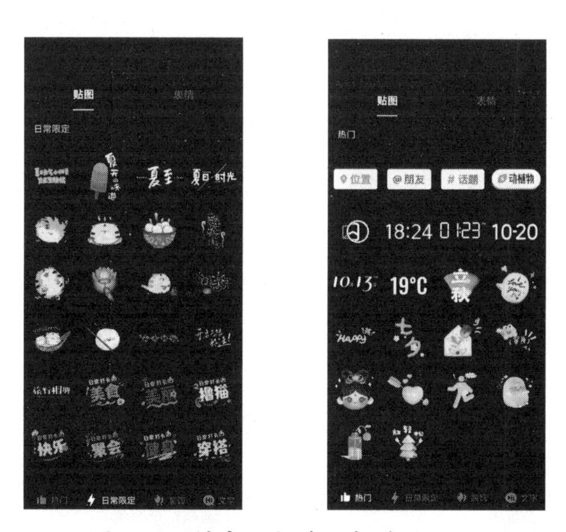

图 3-8　抖音上与节日相关的贴纸

需要注意的是，在融入节日热点时，创作者应当“趁热打铁”，即提前策划，把握好节日当天的日期进行短视频发布。一般来说，在节日到来之际提前一至两周完成短视频内容的策划为最佳效果。

3.2.6　热门话题，定位内容

在模仿、跟拍“爆款”内容时，如果创作者一时间找不到合适的内容来模仿，那么可以采用自行添加热门话题的方法。在抖音的短视频信息流中可以看到，几乎所有的短视频中都添加了话题，示例如图 3-9 所示。

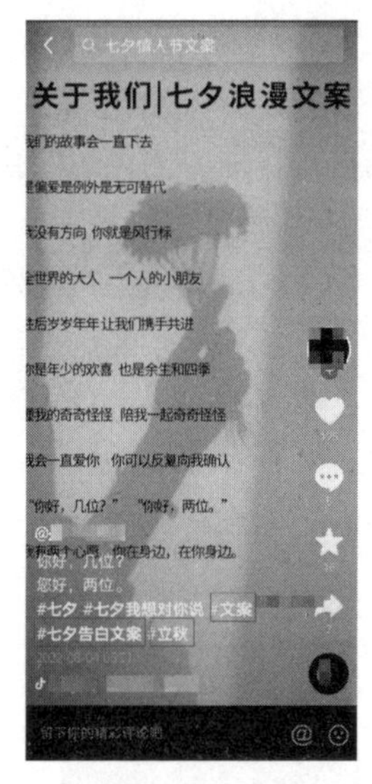

图 3-9　添加了热门话题的短视频示例

给短视频添加话题，其实就相当于给你的内容打上了标签，让平台快速了解这个内容属于哪个标签。不过，创作者在添加话题时，注意要添加同领域的话题，即可蹭到这个话题的流量。也就是说，话题可以帮助平台精准地定位创作者发布的短视频内容。在通常情况下，一条短视频的话题为三个左右，具体应用规则如图 3-10 所示。

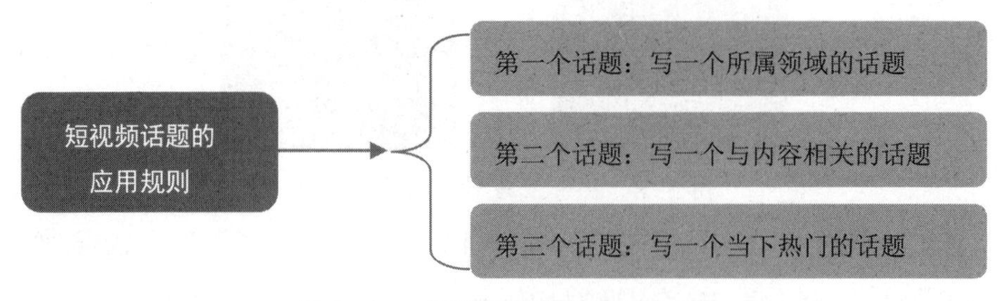

图 3-10　短视频话题的应用规则

脚本文案篇

第4章 短视频的表达方式是镜头语言

以人为例，我们表达一个事物或事件，通常采用口头说话、文字描述等方式；而短视频表达事件的方式则是借助镜头语言，通过拍摄镜头画面、融入声像资料以及剪辑串联镜头来实现完整的表达。

4.1 表达：短视频的艺术表现形式

短视频是一种视听艺术，能够给予用户欣赏主要得益于短视频的画面和声音，即短视频的主要艺术表现形式。本节将主要介绍短视频艺术表现形式的相关内容。

4.1.1 视频影像

视频影像即视频画面，包含画框与构图、景别与角度、焦距与景深、场面调度 4 个方面的内容。短视频创作者掌握了这 4 个方面的内容，便可以呈现出别致的短视频效果。下面将对这些内容进行详细介绍。

1. 画框与构图

画框与构图是拍摄者使用拍摄设备进行取景的范围。画框指画面的大小，是视频影像构建的基础，其存在界定了创作者的绘图范围和观赏者的欣赏区域。画框具有如图 4-1 所示的几个作用。通常来说，视频拍摄的画框为 16:9。

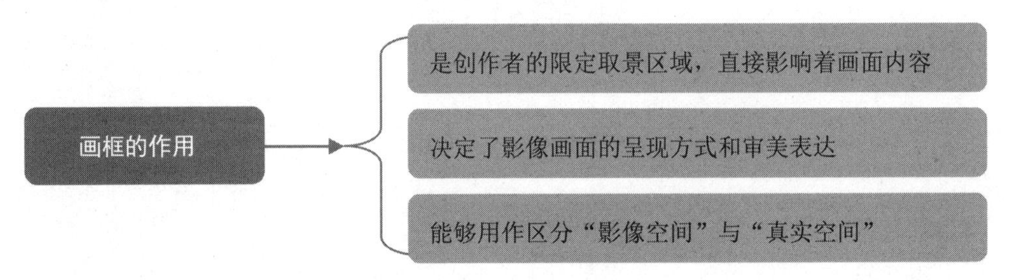

图 4-1 画框的作用

画框将空间分为“画内空间”和“画外空间”。“画内空间”即拍摄者所拍摄的影像世界，而好的视频内容通常不仅仅呈现出“画内空间”，还可以通过叙事与表意使观众联想至“画外空间”，进而传达出更为深远的含义。因此，巧妙地构建“画外空间”也是短视频创作者所要掌握的，具体可以参考以下几种方式。

（1）拍摄被摄对象“出画”的画面，可以构建“画外空间”，结合叙事情节，引发观众的想象。例如，影视剧中以男女主角举行完婚礼为剧终，观众在观看完之后会自然而然地联想男女主角婚后的甜蜜生活，而这些联想并未被画面呈现出来。

（2）拍摄画面中的人物指向画外的视线或动作，可以引导观众联想画外空间。

（3）拍摄时，画外的人或物的局部出现在画面中，如画外人物的影子被呈现在画内，可以唤起观众的生活经验，对其人物形象产生完整的联想。

（4）画外音。借助画面外的声音来传达某一个事件或叙述某一个故事，可以打破画内空间的封闭性，引发观众的联想。

在通常情况下，画框取景的范围影响着构图。构图是指在一定范围内的画面比例中，被摄对象、光影、色彩、线条等元素有机地组合在一起，形成完整的、有美感的影片。

拍摄者进行视频构图可以遵循如图 4-2 所示的 4 个规律。

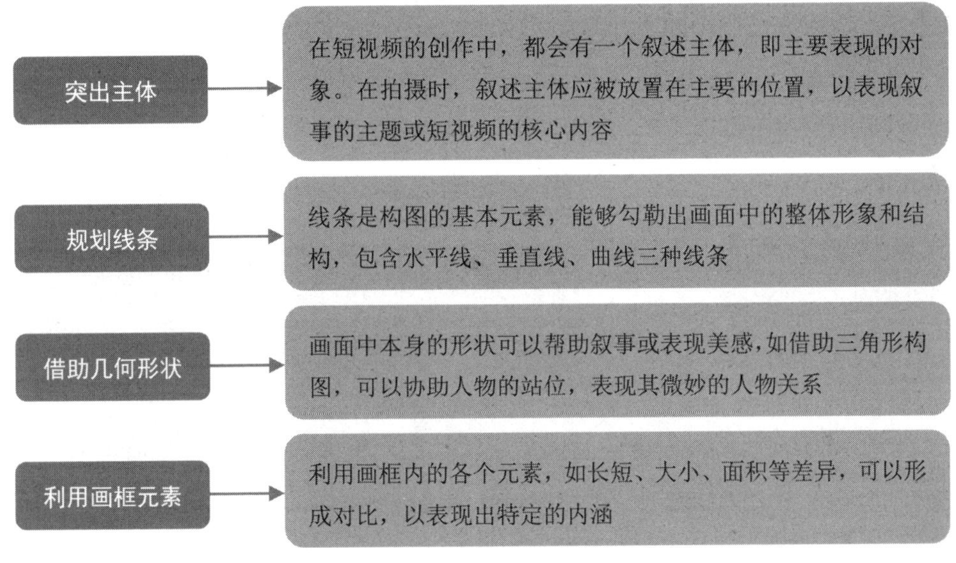

图 4-2　视频构图的规律

2. 景别与角度

景别是指被摄对象在画面中的大小和范围，通过变换景别可以调整构图。在一般情况下，景别可以根据画框中所截取的人或物的大小划分为远景、全景、中景、近景和特写，不同的景别呈现出不同的特征，具体说明如下。

（1）远景：呈现出空间范围大、视觉广阔的画面，一般用作展现广阔的空间或壮丽的风光。

（2）全景：通常用作呈现人或物的整体风貌。全景兼具叙事和描写的功能，可以用作场景的介绍，如在实际的拍摄中，会采用全景画面来介绍事件发生或人物所处的环境。全景画面具有如图 4-3 所示的几个优势。

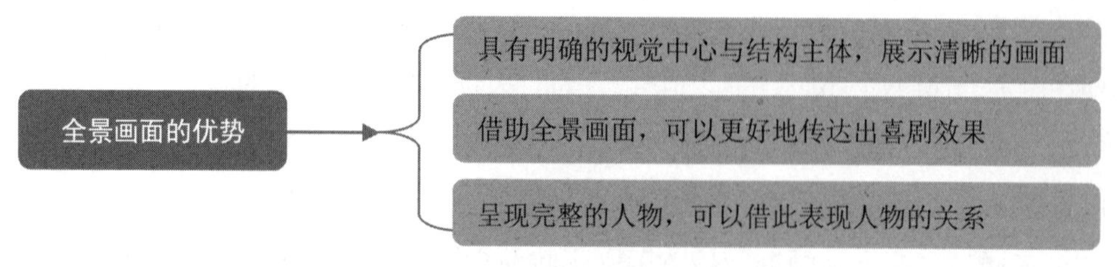

图 4-3　全景画面的优势

（3）中景：指拍摄出人或物的局部，具有中性、客观的特征，适用于纪实类短视频的拍摄。

（4）近景：以人物为例，近景指拍摄出人物胸部以上部分的镜头。在近景拍摄中，人物会占据画幅面积的一半以上，适用于刻画人物的内心活动。

（5）特写：指拍摄出人物肩部以上或放大被拍摄对象细节的镜头。特写是表现悲剧时常用的拍摄手法，具有如图 4-4 所示的几个作用。

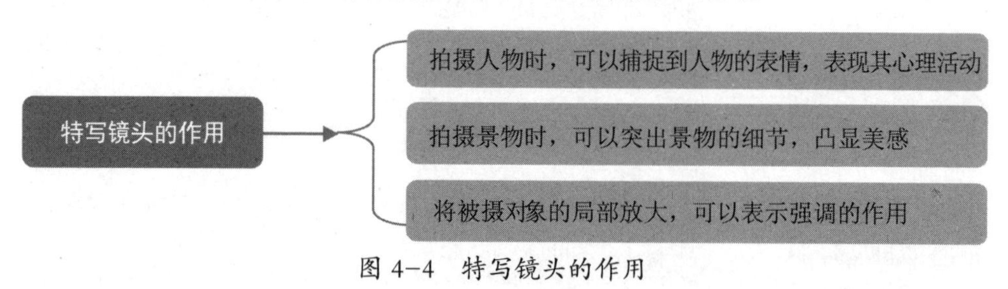

图 4-4　特写镜头的作用

拍摄设备与被拍摄对象之间的距离不同会产生景别的不同，高度与方向的不同则会产生角度的不同。角度是指视频拍摄者呈现画面的不同立场或所处的不同方位，包含如图 4-5 所示的几种角度。

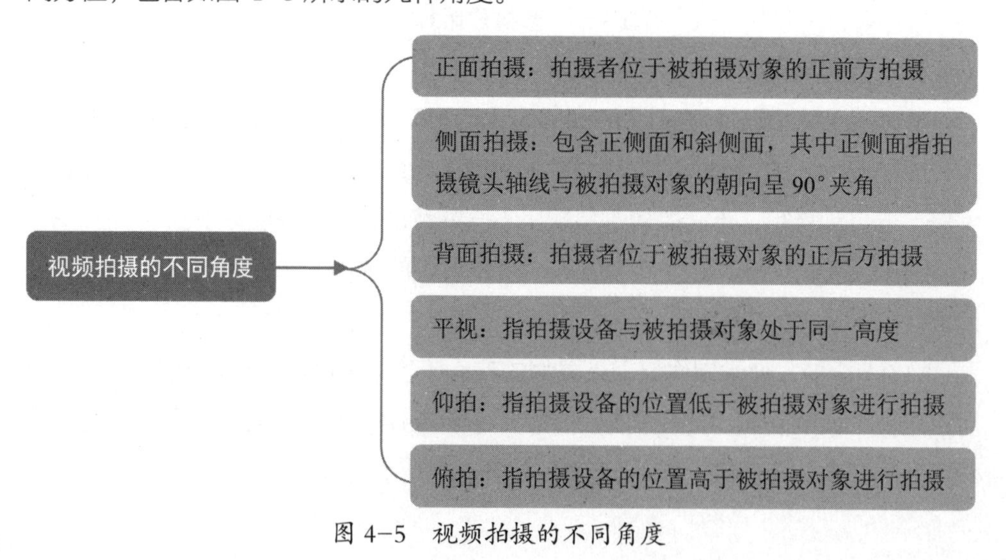

图 4-5　视频拍摄的不同角度

3. 焦距与景深

焦距是指摄像设备镜头的光学透镜主点到焦点的距离，表示单位为毫米。焦距从不同的角度可以划分为不同的类型，具体说明如下。

（1）根据光学镜头焦距的可调与不可调，可以划分为变焦镜头和定焦镜头。

（2）根据镜头焦距长短的不同，可以划分为标准镜头、长焦镜头和短焦镜头，分别介绍如下。

• 标准镜头：指焦距在 35 ～ 50 毫米范围内的镜头，所拍摄画面符合人眼的观赏习惯，比较客观与自然。

• 长焦镜头：又称“望远镜头”，焦距通常大于 50 毫米，可以将远处的景物拉近进行拍摄，但会改变原本现实空间的视觉效果，如使用长焦镜头拍摄在表现纵深方向上移动的物体时，会呈现出“减速”的视觉效果。

• 短焦镜头：焦距短于标准镜头，所拍摄的画面范围较大，镜头越近，景物成像越大，反之则越小，呈现出一种“近大远小”的视觉效果。

焦距的长短决定着不同的景深效果。景深是一种用作扩展画面空间深度的拍摄手法，指“在光学镜头拍摄下，画面中所成影像清晰的纵深范围”。根据景深范围内的画面清晰程度，可以划分为浅景深与深景深。其中，浅景深呈现的画面效果，会有前景画面清晰、背景画面模糊的视觉美感；深景深则相反。

4. 场面调度

场面调度指拍摄者对人物和镜头的整体设计，包括人物调度、镜头调度和综合调度三种类型，详细介绍如图 4-6 所示。

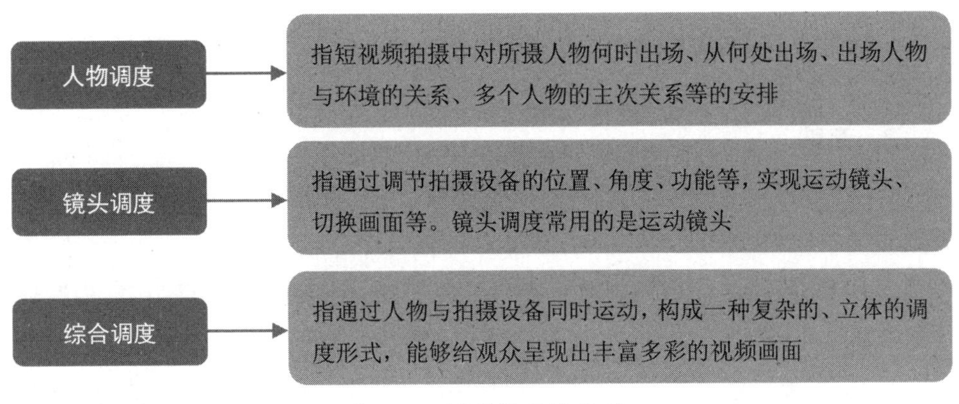

图 4-6　场面调度的类型

4.1.2 视频声音

视频声音是短视频的重要艺术表现之一，与画面相搭配，使短视频呈现出好的视听效果。视频声音包含人声、音乐和音响三部分，在短视频的创作中，它们各司其职，也相互联系，以听觉造型的方式成就好的美学形态。下面将对视频声音的这三部分内容进行详细介绍。

1. 人声

人声指短视频创作中的人物发出的声音，用作讲述故事、表现人物性格和传达情绪等。人声按照不同的表现方式可以分为对白、独白和旁白三种类型，具体内容如图 4-7 所示。

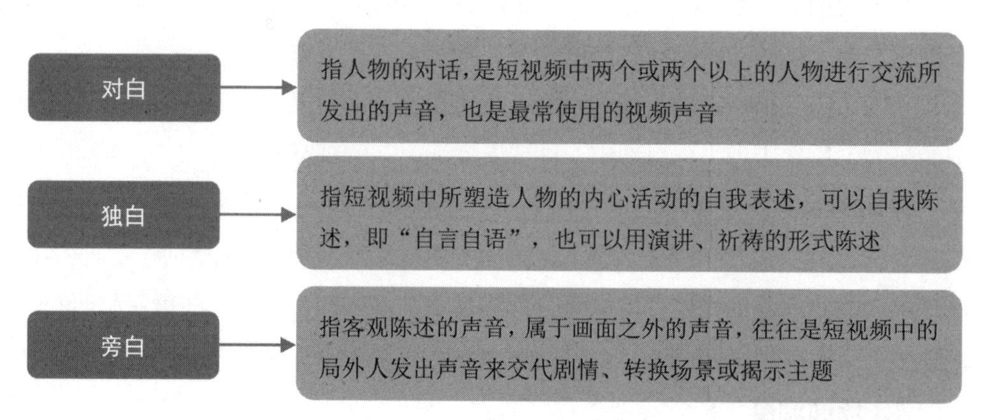

图 4-7 人声的不同类型

2. 音乐

音乐是一种源远流长的艺术形式，它被加工、处理后融入视频画面中，可以帮助视频呈现出更好的视听效果。具体而言，音乐在短视频中可以发挥如图 4-8 所示的几个作用。

3. 音响

在短视频中，音响被称为音效或效果音，是除了对白和音乐之外的所有声音的总称。大体上来说，音响分为以下两种类型。

（1）自然音响：指自然界非人物的动作行为发出的声音，如鸟叫声、海浪声、下雨声等。

（2）效果音响：指人为地模拟自然界或人物发出的声音，如使用道具模拟出来的电闪雷鸣声。

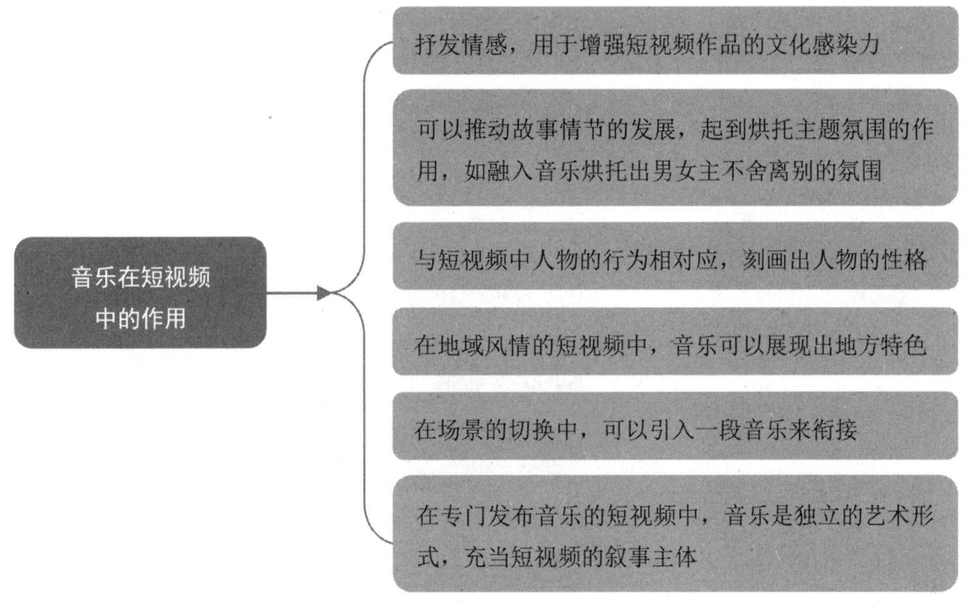

图 4-8　音乐在短视频中的作用

4.1.3　拍摄手法

这里指的拍摄手法是一些非常规的拍摄技巧，主要服务于短视频的艺术构思，目的是使短视频呈现出一种完整的、具有艺术感的效果。在短视频中，主要的拍摄手法有蒙太奇和长镜头，详细介绍如下。

1. 蒙太奇

蒙太奇取自建筑术语，表示构成、装配之意，移植到艺术领域，表示镜头之间的拼接、组合。它是电影创作中常用的创作手法，可以在剪辑中拼接镜头，也可以作为一种思维方法来指导电影的叙事。

蒙太奇手法主要分为叙事蒙太奇和表现蒙太奇两种类型。其中，叙事蒙太奇是短视频创作中最常用的蒙太奇结构形式，可以推动故事情节的发展，助力凸显短视频叙事的主旨。叙事蒙太奇有如图 4-9 所示的几种常用技巧。

2. 长镜头

长镜头是指短视频拍摄中拍摄时长超过 30 秒的单一镜头，用于传达创作者想让观众知晓的某种思想或意图。长镜头具有三个特征，具体如图 4-10 所示。

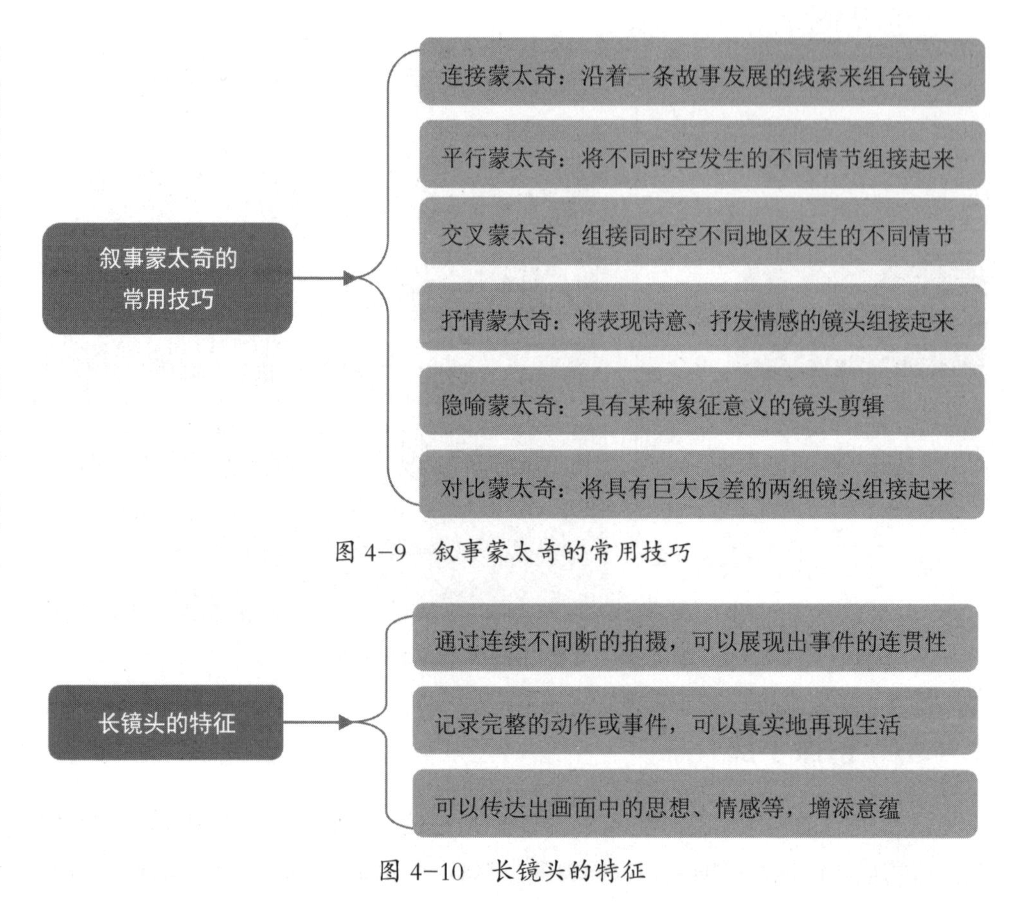

图 4-9　叙事蒙太奇的常用技巧

图 4-10　长镜头的特征

4.2　拼接：短视频的画面编辑技巧

拼接是指在短视频的后期剪辑中，将所拍摄的画面进行排列、组合形成完整的短视频作品的一系列工作。拼接包括镜头剪辑、添加字幕、配录音乐、制作特效等工作，因短视频的需求不同而进行的步骤不同，但创作者在拼接时需要遵循的规则与节奏是一致的。本节将主要介绍创作者在拼接时应遵循哪些规则与节奏。

4.2.1　画面编辑的基本规则

画面编辑是短视频创作后期的重要工作，创作者在遵循一定规则的基础上进行这项工作，可以更加顺利地完成短视频的创作，并且可以增强短视频的观赏效果。具体而言，画面编辑的基本规则介绍如下。

1. 分镜头叙事

分镜头叙事即组接镜头，具体指先将一个场景或事件分为多个琐碎部分，再采用蒙太奇手法将这些部分重新组接起来，或再现生活，或表现生活。

2. 满足观众的心理预期

在编辑画面时，创作者要考虑观众的心理感受，尽量满足观众的心理预期。为了满足观众的心理预期，要求创作者在编辑画面时，首先应该符合观众的思维逻辑，如上一个镜头是运动员拉开弓箭，下一个镜头就应该是展示箭是否中靶；其次应该符合观众的视觉逻辑，如上一个镜头的画面呈现的是平淡的湖水，下一个镜头的画面可以有所起伏，但尽量不要很突兀地转换到五光十色的画面，容易引起观众的反感。

3. 轴线原则

轴线原则指为了保证视频画面的空间感和方向性的统一，在拍摄与剪辑中，镜头尽量保持在轴线的同一侧。所谓轴线，是被拍摄对象的运动方向或两个被拍摄对象之间的一条假想线。

4. “动静结合”的规律

“动静结合”的规律是指在剪辑画面时，遵循拍摄镜头的运动性，将动态的镜头与动态的镜头组接在一起、静态的镜头与静态的镜头组接在一起，以及运动镜头与固定镜头组接在一起的原则。

5. 影调、色调的统一

在短视频中，影调和色调是表现视频风格和渲染气氛的重要手段。从视频的美感和观众的观赏角度出发，在剪辑画面时，创作者应尽量保持一个完整的视频是影调、色调相统一的，如视频内容一致采用暗调、黑灰色彩，给人一种庄重、深沉的感觉。

6. 镜头长度的确定

镜头的长短影响着视频内容的表达，因此，在剪辑画面时，创作者应先确定每个镜头的长度，再按照内容、情绪、节奏等进行组接，以准确地表达出视频的内容。一般来说，影响镜头长度确定的因素如图 4-11 所示。

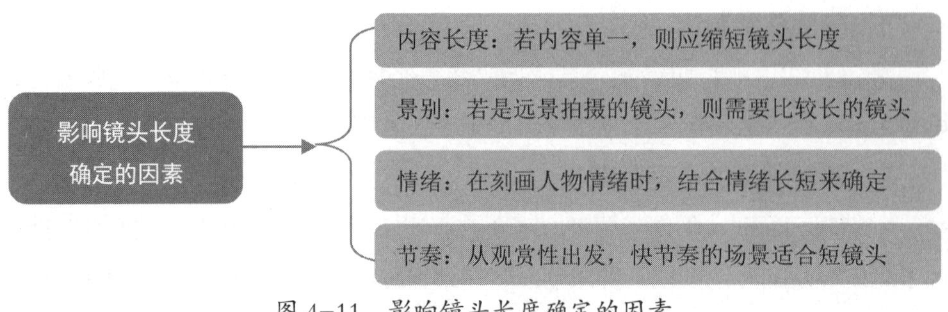

图 4-11　影响镜头长度确定的因素

4.2.2　视频剪辑遵循的节奏

节奏是指一切合乎规律的运动状态，如高低、起伏、快慢、强弱等。万事万物都有它自己的节奏，短视频也不例外。在短视频中，借助镜头可以表现出不同的节奏，并给予观众平缓、紧张等不一样的心理感受。

短视频的节奏可以分为整体节奏、段落节奏、内部节奏、外部节奏、视觉节奏和听觉节奏，有些节奏是视频拍摄中客观存在的，而有些节奏可以通过后期剪辑创作出来。在剪辑中，主要分为内部节奏和外部节奏。其中，内部节奏是指视频内容情节传达出来的节奏，表现为一种内在的叙述观念，发挥奠定短视频整体基调的作用；而外部节奏是可以通过蒙太奇、造型设计等手法创作出来的节奏，表现为一种外部的韵律，主要通过剪辑来实现。

在剪辑视频的过程中，短视频创作者可以按照如图 4-12 所示的几种方式来把握视频的节奏。

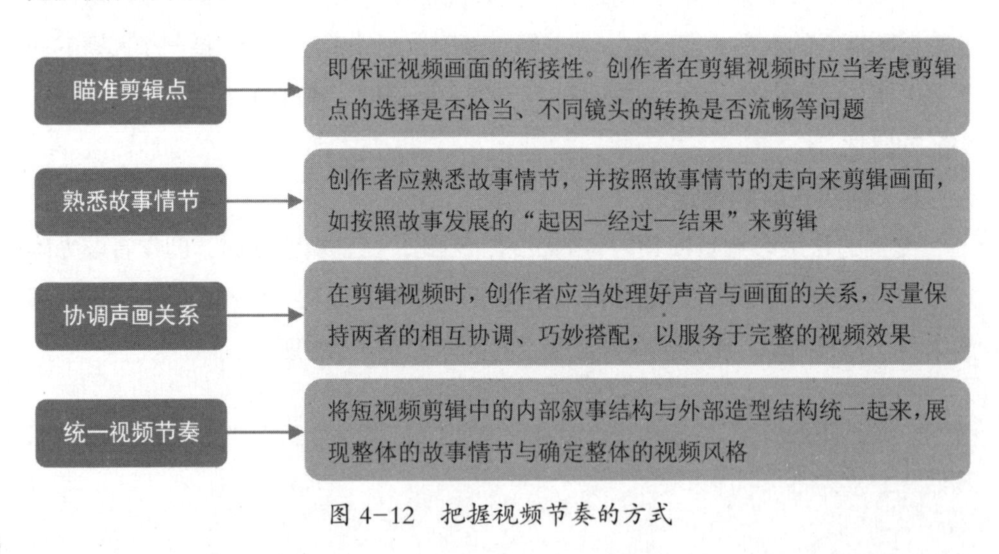

图 4-12　把握视频节奏的方式

4.3 专业：短视频的镜头表述语言

如今，短视频已经形成了一条完整的商业产业链，越来越多的企业、机构开始用短视频来进行宣传推广，因此短视频的脚本创作也越来越重要。而要写出优质的短视频脚本，创作者还需要掌握短视频的镜头语言，使视频创作更具专业性与高级感，这些也是短视频行业中的高级玩家和专业玩家必须掌握的常识。

4.3.1 常用的短视频镜头术语

对于普通的短视频玩家来说，通常都是凭感觉拍摄和制作短视频作品的，这样显然是事倍功半的。要知道，很多专业的短视频机构，他们创作一条短视频通常有时间限制，所以会借助镜头语言来提高短视频的创作效率。

镜头语言也称为镜头术语，常用的短视频镜头术语除了前文详细介绍的画框、构图、景别等之外，还有运镜、用光、转场、时长、关键帧、定格、闪回等，这些也是短视频脚本中的重点元素，具体介绍如图 4-13 所示。

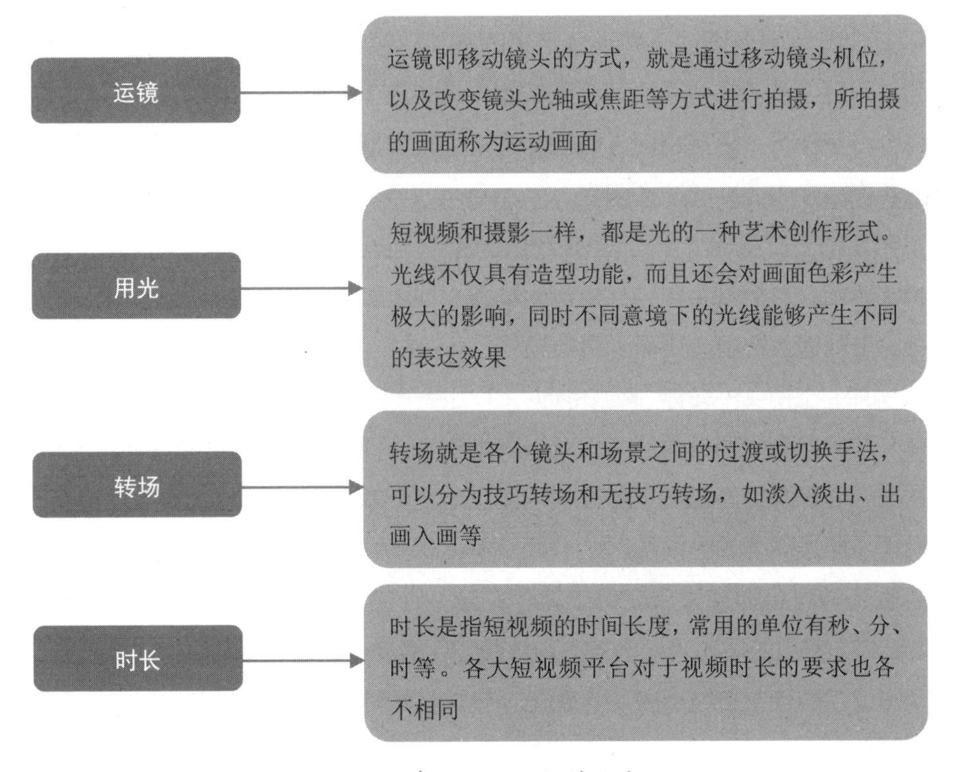

图 4-13 常用的短视频镜头术语

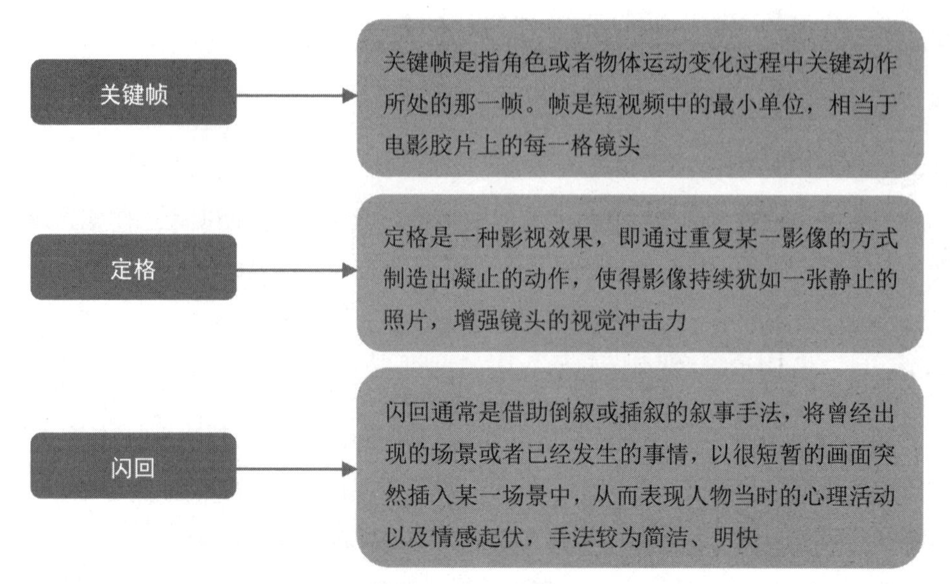

图 4-13　常用的短视频镜头术语（续）

4.3.2　转场技法的两种形式

无技巧转场是通过一种十分自然的镜头过渡方式来连接两个场景的，整个过渡过程看上去非常合乎情理，能够起到承上启下的作用。当然，无技巧转场并非完全没有技巧，它是利用人的视觉转换来安排镜头的切换的，因此需要找到合理的转换因素和适当的造型因素。

常用的无技巧转场方式有两极镜头转场、同景别转场、特写转场、声音转场、空镜头转场、封挡镜头转场、相似体转场、地点转场、运动镜头转场、同一主体转场、主观镜头转场、逻辑因素转场等。

例如，空镜头（又称“景物镜头”）是指画面中只有景物、没有人物的镜头，具有非常明显的间隔效果，不仅可以渲染气氛、抒发情感、推进故事情节和刻画人物的心理状态，而且还能够交代时间、地点和季节的变化等。图 4-14 所示为一段用于描述环境的空镜头。

技巧转场是指通过后期剪辑软件在两个片段中间添加转场特效，以实现场景的转换。常用的技巧转场方式有淡入淡出、缓淡—减慢、闪白—加快、划像（二维动画）、翻转（三维动画）、叠化、遮罩、幻灯片、特效、运镜、模糊、多画屏分割等。

图 4-14　一段用于描述环境的空镜头

如图 4-15 所示，这个视频采用的就是幻灯片中的“百叶窗”和“风车”转场效果，能够让视频画面像百叶窗和风车一样切换到下一个场景。

图 4-15　幻灯片中的“百叶窗”和“风车”转场效果

4.3.3 “起幅”与“落幅”

“起幅”与“落幅”是拍摄运动镜头时非常重要的两个术语，在后期制作中可以发挥很大的作用，相关介绍如图 4-16 所示。

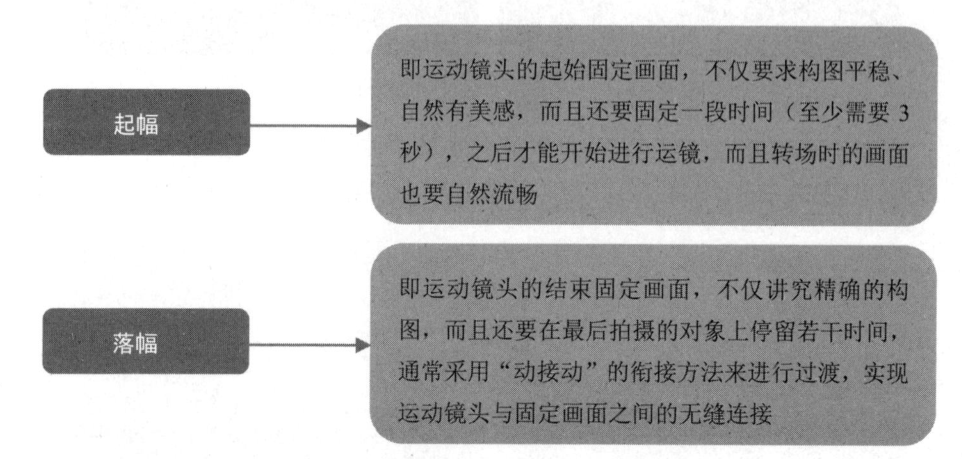

图 4-16 “起幅”与“落幅”的相关介绍

“起幅”与“落幅”的固定画面不仅可以用来强调短视频中要重点表达的对象或主题，而且还可以单独作为固定镜头使用。

如图 4-17 所示，这个短视频片段采用的是上摇运镜的方式，“起幅”的镜头部分为人物主体，随着人物视野所望之处，镜头也跟随上摇，“落幅”的镜头部分为人物视野所望的天色。

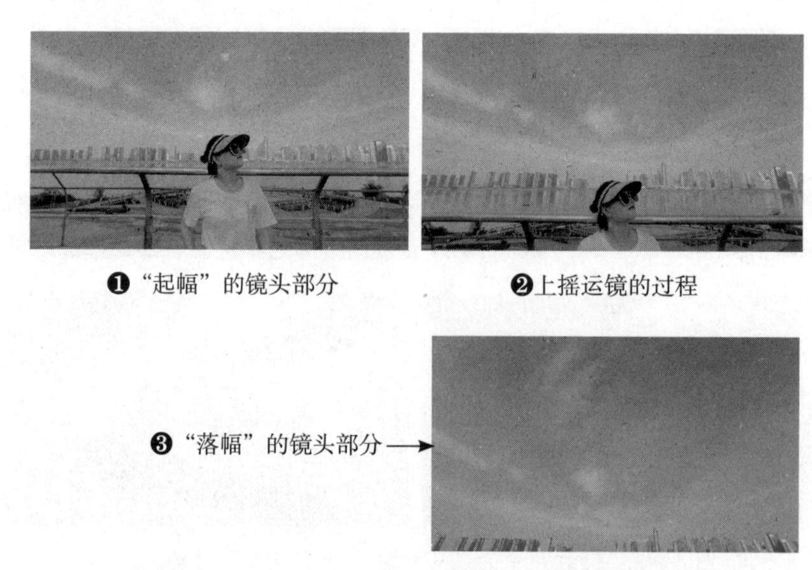

图 4-17 “起幅”与“落幅”的短视频示例

4.3.4 镜头节奏的详细内容

节奏会受到镜头的长度、场景的变换和镜头中的影像活动等因素的影响。在通常情况下，镜头节奏越快，则视频的剪辑率越高、镜头越短。剪辑率是指单位时间内镜头个数的多少，由镜头的长短来决定。

例如，长镜头就是一种典型的慢节奏镜头形式，而延时摄影则是一种典型的快节奏镜头形式。长镜头（Long Take）也称为一镜到底、不中断镜头或长时间镜头，是一种与蒙太奇相对应的拍摄手法，是指拍摄的开机点与关机点的时间距离较长。

延时摄影（Time-Lapse Photography）也称为延时技术、缩时摄影或缩时录影，是一种压缩时间的拍摄手法，它能够将大量的时间进行压缩，将几小时、几天，甚至几个月中的变化过程，通过极短的时间展现出来，如几秒或几分钟，因此镜头节奏非常快，能够给观众呈现出一种强烈与震撼的视频效果，如图 4-18 所示。

图 4-18　采用延时技术拍摄的短视频

4.3.5 多机位拍摄的应用

多机位拍摄是指使用多台拍摄设备，从不同的角度和方位拍摄同一场景，适合规模宏大或者角色较多的拍摄场景，如访谈类、杂志类、演示类、谈话类、综艺类等短视频类型。

图 4-19 所示为一种谈话类视频的多机位设置图，共安排了 7 台拍摄设备：1、2、3 号机用于拍摄主体人物，其中 1 号机（带有提词器设备）重点用于拍摄主持人；4 号机安排在后排观众的背面，用于拍摄全景、中景或中近景；5 号机和 6 号机安排在嘉宾的背面，需要用摇臂将其架高一些，用于拍摄观众的反应镜头；7 号机则专门用于拍摄观众。

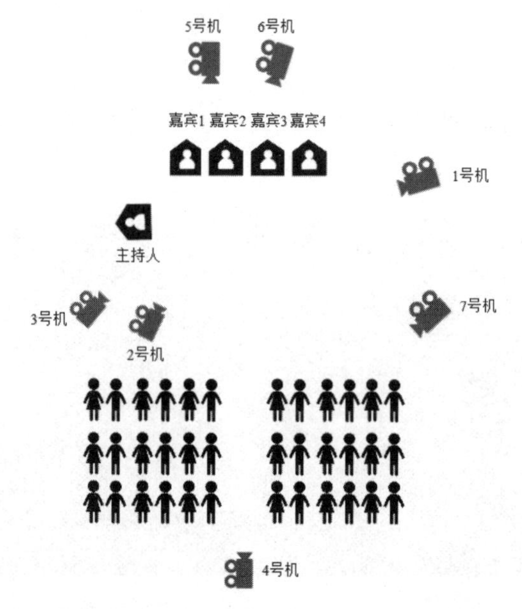

图 4-19 谈话类视频的多机位设置图

多机位拍摄可以通过各种景别镜头的切换，让视频画面更加生动、更有看点。另外，如果某个机位的画面有失误或瑕疵，则也可以用其他机位来弥补。通过不同的机位来回切换镜头，可以让观众不容易产生视觉疲劳，并保持更久的关注度。

第5章 短视频以脚本策划为运行指南

对于短视频来说，脚本的作用与电影中剧本的作用类似，不仅可以用来确定故事的发展方向，而且还可以提高短视频拍摄的效率和质量，同时还可以指导短视频的后期剪辑。本章主要介绍短视频脚本的创作方法和思路。

5.1 脚本：为短视频提供行动指南

在很多人眼中，短视频似乎比电影还好看，很多短视频不仅画面和 BGM（Background Music，背景音乐）劲爆、转折巧妙，而且剧情不拖泥带水，能够让人“流连忘返”。

而这些精彩的短视频背后都是靠短视频脚本来承载的，脚本是整个短视频内容的大纲，对于剧情的发展与走向起着决定性的作用。因此，创作者需要写好短视频的脚本，让短视频的内容更加优质，这样才有更多机会上热门。

5.1.1 脚本的含义

短视频脚本是创作者拍摄短视频的主要依据，能够提前统筹安排短视频拍摄过程中的所有事项，如什么时候拍、用什么设备拍、拍什么背景、拍谁以及怎么拍等。一个简单的短视频脚本模板见表 5-1。

表 5-1　一个简单的短视频脚本模板

镜　号	景　别	运　　镜	画　　面	设　　备	备　　注
1	远景	固定镜头	在天桥上俯拍城市中的车流	手机广角镜头	延时摄影
2	全景	跟随运镜	拍摄主角从天桥上走过的画面	手持稳定器	慢镜头
3	近景	上升运镜	从人物手部拍到头部	手持拍摄	—
4	特写	固定镜头	人物脸上露出开心的表情	三脚架	—
5	中景	跟随运镜	拍摄人物走下天桥楼梯的画面	手持稳定器	—
6	全景	固定镜头	拍摄人物与朋友见面问候的场景	三脚架	—
7	近景	固定镜头	拍摄两人手牵手的温馨画面	三脚架	后期背景虚化
8	远景	固定镜头	拍摄两人走向街道远处的画面	三脚架	欢快的背景音乐

在创作短视频的过程中，所有参与前期拍摄和后期剪辑的人员都需要遵从脚本的安排，包括摄影师、演员、道具师、化妆师、剪辑师等。如果短视频没有脚本，则会很容易出现各种问题，如拍到一半发现场景不合适，或者道具没准备好，或者演员少了，又需要花费大量时间和资金去重新安排和做准备。这样不仅会浪费时间和金钱，而且也很难做出想要的短视频效果。

5.1.2 脚本的作用

短视频脚本主要用于指导所有参与短视频创作的工作人员的行为和动作，

从而提高工作效率，并保证短视频的质量。图 5-1 所示为短视频脚本的作用。

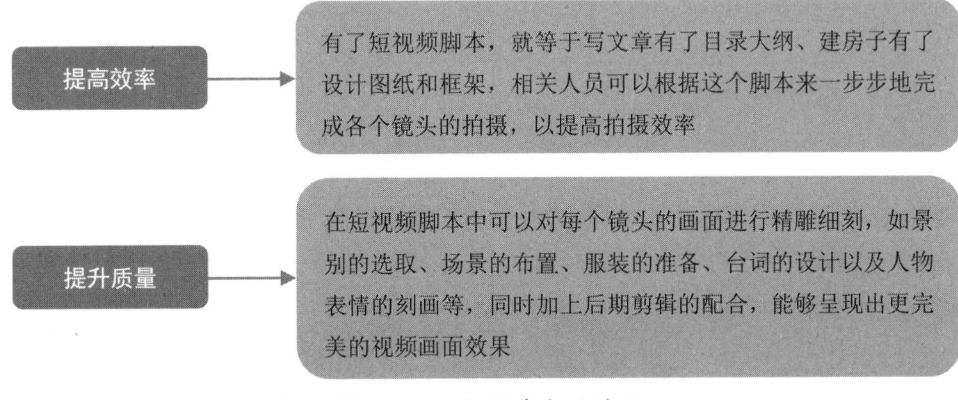

图 5-1 短视频脚本的作用

5.1.3 脚本的类型

短视频的时间虽然很短，但只要创作者足够用心，精心设计短视频的脚本和每一个镜头画面，就能让短视频的内容更加优质，从而获得更多上热门的机会。短视频脚本一般分为分镜头脚本、拍摄提纲和文学脚本三种，详细说明如图 5-2 所示。

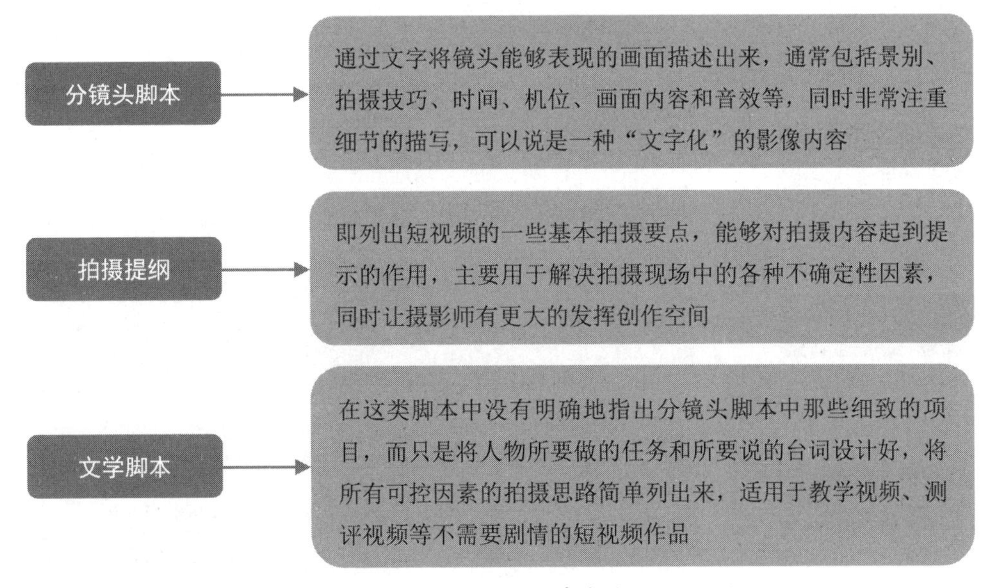

图 5-2 短视频的脚本类型

总的来说，分镜头脚本适用于剧情类的短视频内容，能够呈现出更多的细节；

拍摄提纲适用于访谈类或资讯类的短视频内容，现场的发挥空间较大；文学脚本则适用于没有剧情的短视频内容，拍摄手法比较简单。

5.1.4 创作脚本的准备

创作者在正式开始创作短视频脚本前需要做好一些前期准备，确定短视频的整体拍摄思路，同时制定一个基本的创作流程。图 5-3 所示为编写短视频脚本的前期准备工作。

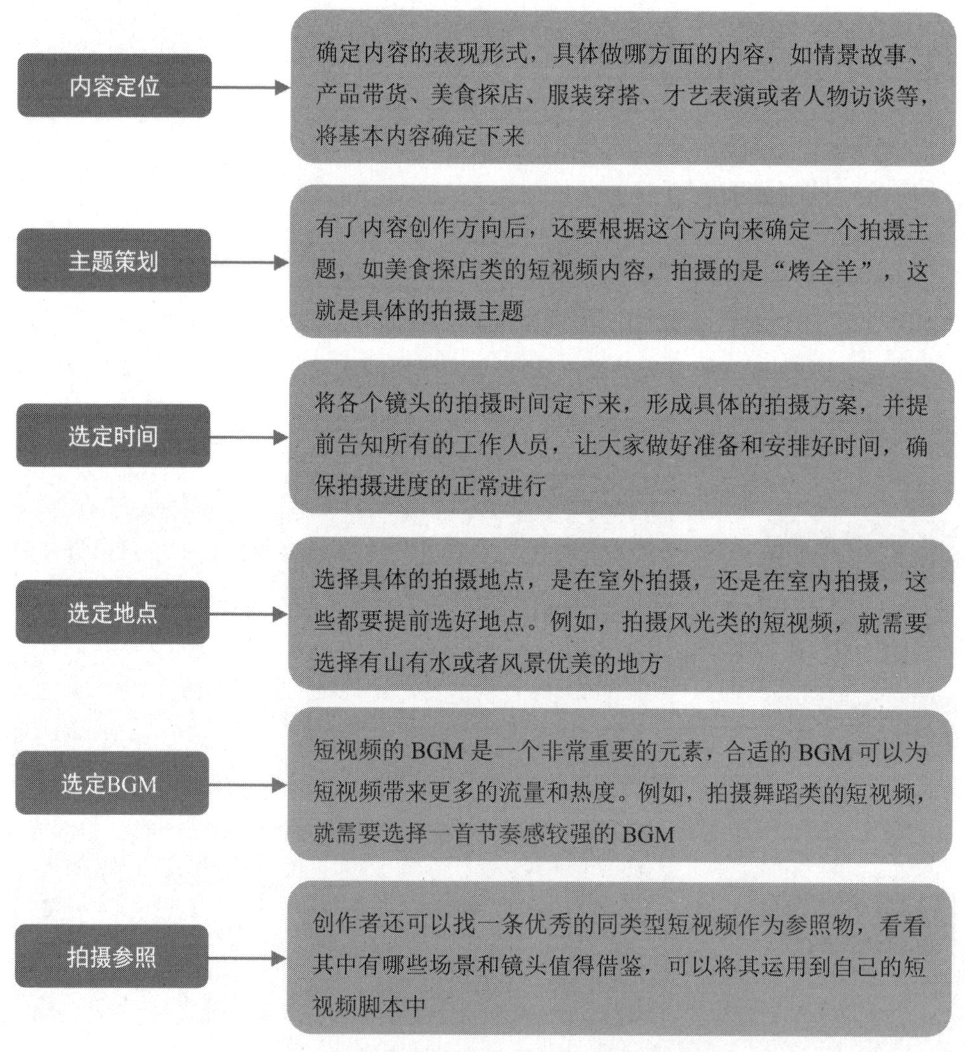

图 5-3 编写短视频脚本的前期准备工作

5.1.5 脚本的基本要素

在短视频脚本中，创作者需要认真设计每一个镜头，因此掌握脚本的基本要素很重要。下面主要从6个基本要素来介绍短视频脚本的策划，如图5-4所示。

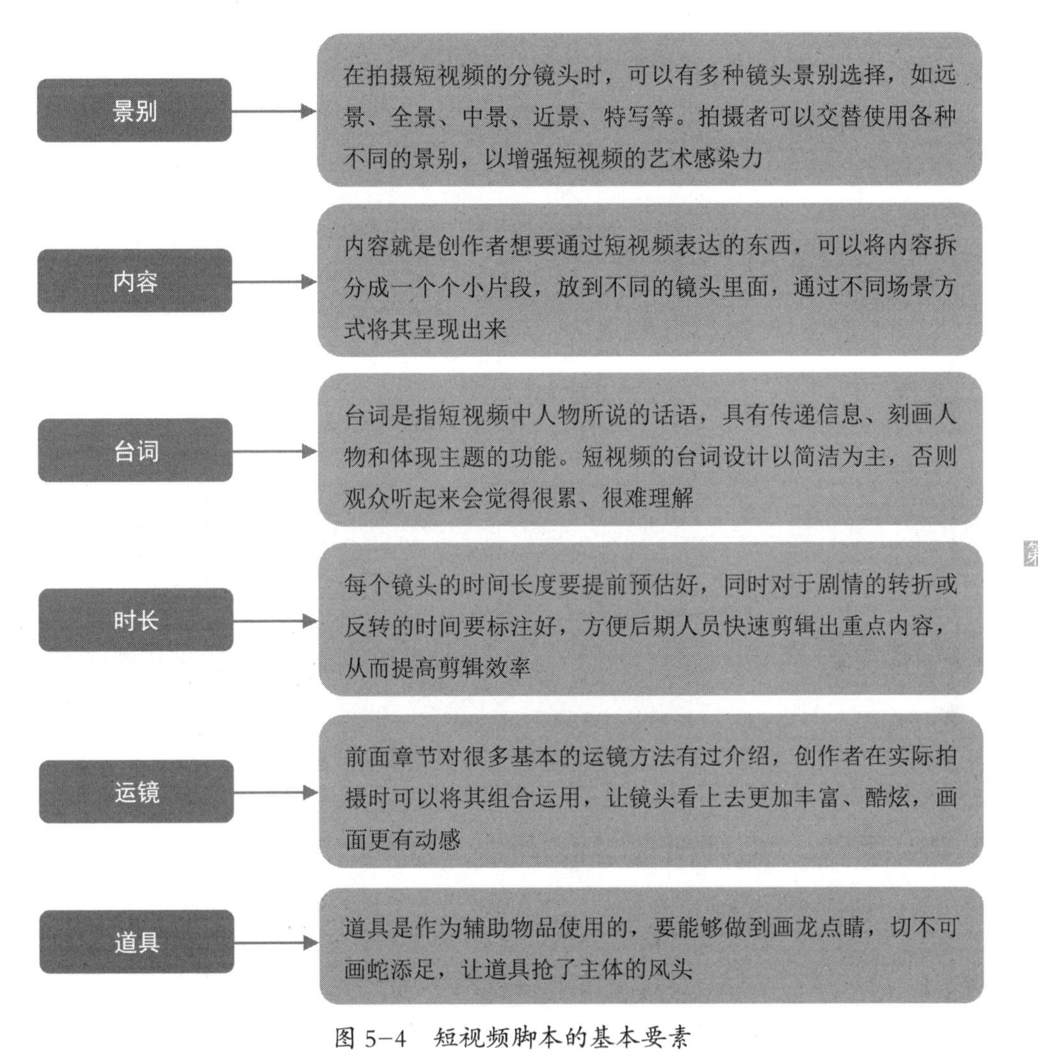

图5-4 短视频脚本的基本要素

5.1.6 脚本的编写流程

在编写短视频脚本时，创作者需要遵循化繁为简的形式规则，同时需要确保内容的丰富度和完整性。图5-5所示为短视频脚本的基本编写流程。

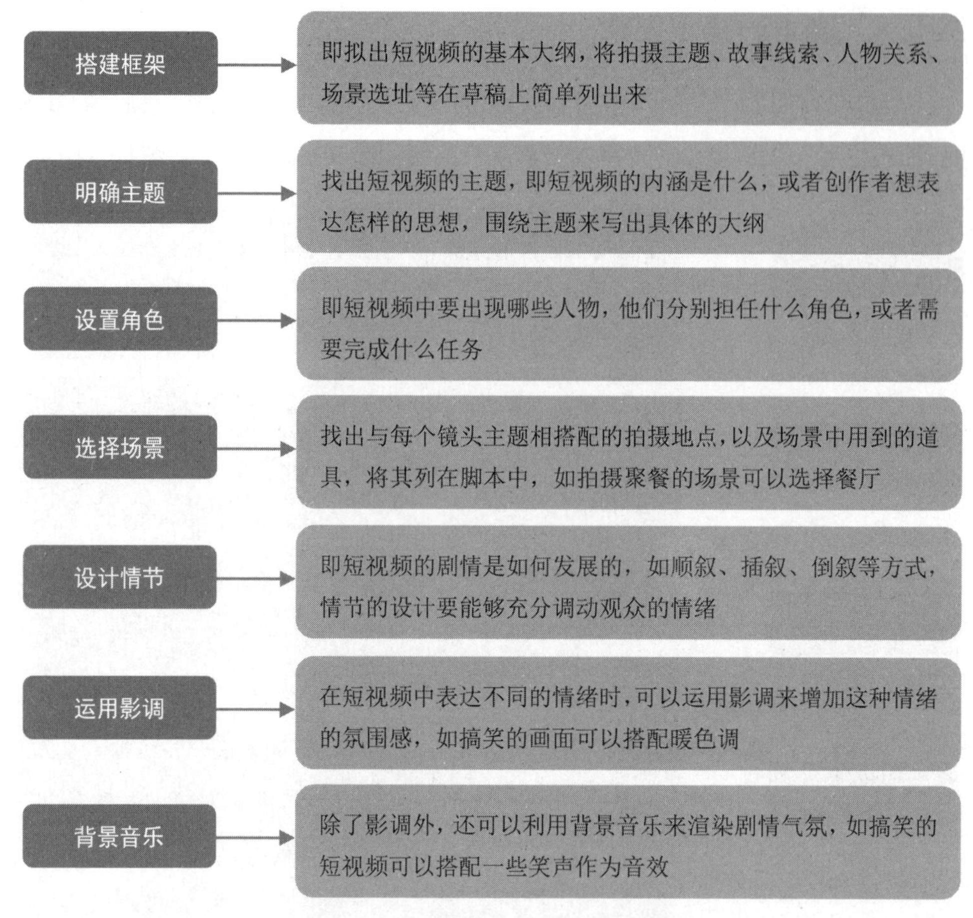

图 5-5 短视频脚本的基本编写流程

5.2 思路：短视频脚本的优化思路

脚本是短视频立足的根基。当然，短视频脚本不同于微电影或者电视剧的剧本，尤其是用手机拍摄的短视频，创作者不用写太多复杂多变的镜头景别，而应该多安排一些反转、反差或者充满悬疑的情节，以此来吸引观众的注意力。

同时，短视频的节奏很快，信息点很密集，因此每个镜头的内容都要在脚本中交代清楚。本节主要介绍短视频脚本的一些优化技巧，帮助大家策划出更优质的脚本。

5.2.1 换位思考

要想拍出真正优质的短视频作品，创作者需要站在观众的角度去思考脚本内容的策划。比如，观众喜欢看什么东西，当前哪些内容比较受观众的欢迎，如何拍摄才能让观众看着更有感觉等。

显而易见，在短视频领域，内容比设备更加重要，即便是简陋的拍摄场景和服装道具，只要你的内容足够吸引观众，那么你的短视频便能够成为热门视频。

技术是可以慢慢练习的，但内容却需要创作者有一定的创作灵感，就像音乐创作，好的歌手不一定是好的音乐人，好的作品会经久流传。例如，抖音上充斥着各种“特效”，但他们精心设计的内容仍然获得了观众的喜爱，至少可以认为他们比较懂观众的“心”。

下面列举的短视频账号内容主要以模仿各类影视剧和游戏角色为主，从表面上看比较粗糙，但其实每个道具都恰到好处地体现了他们所模仿人物的特点，而且特效也用得恰到好处，同时内容上也并不是单纯的模仿，而是加入了原创剧情，甚至还出现了不少经典台词，获得了大量粉丝的关注和点赞，如图 5-6 所示。

图 5-6　某短视频案例

5.2.2 重视美感

短视频的拍摄和摄影类似，都非常注重审美，审美决定了你的作品高度。

如今，随着各种智能手机的摄影功能越来越强大，进一步降低了短视频的拍摄门槛，几乎人人都可以拍摄短视频。

另外，各种剪辑软件也越来越智能化，不管拍摄的画面有多差，经过后期剪辑处理，都能变得很好看，就像抖音上神奇的“化妆术”一样。例如，剪映App中的“一键成片”功能就内置了很多模板和效果，创作者只需要调入拍好的视频或照片素材，即可轻松做出同款短视频效果，如图5-7所示。

图5-7　剪映App中的“一键成片”功能

也就是说，短视频的技术门槛已经越来越低了，普通人也可以轻松创作和发布短视频作品。但是，每个人的审美观点是不一样的，短视频的艺术审美和强烈的画面感都是加分项，能够提高创作者的竞争优势。

创作者不仅需要保证视频画面的稳定和清晰度，而且还需要突出主体，可以多组合各种景别、构图、运镜方式，以及结合快镜头和慢镜头，增强视频画面的运动感、层次感和表现力。总之，要形成好的审美观，创作者需要多思考、多琢磨、多模仿、多学习、多总结、多尝试、多实践、多拍摄。

5.2.3　设置冲突

在策划短视频的脚本时，创作者可以设计一些反差感强烈的转折场景，通过这种高低落差的安排，能够形成十分明显的对比效果，为短视频带来新意，同时也为观众带来更多笑点。

短视频的冲突能够让观众产生惊喜感，同时加深观众对剧情的印象，并刺激他们去点赞和转发短视频。笔者总结了一些在短视频中设置冲突和转折的相关技巧，如图 5-8 所示。

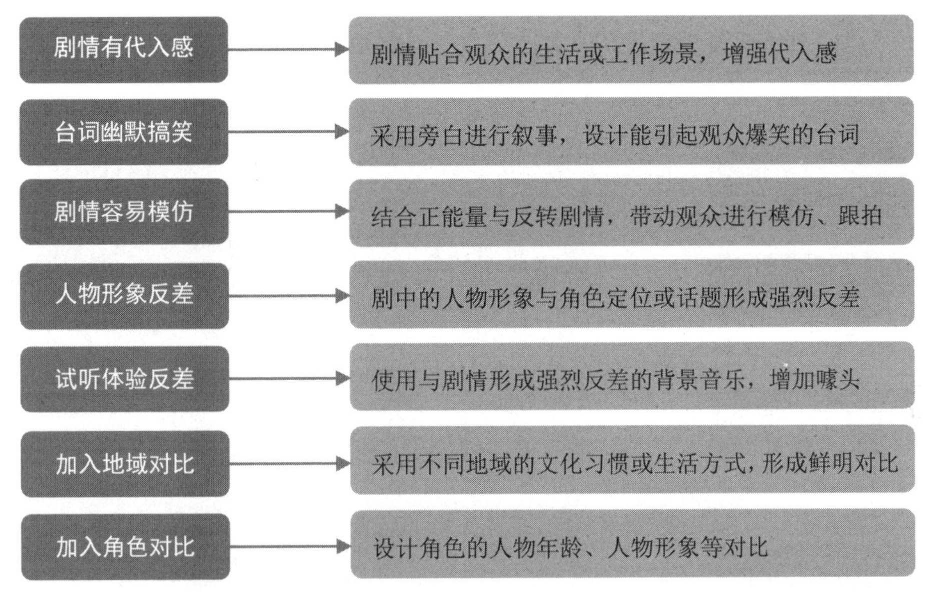

图 5-8　在短视频中设置冲突和转折的相关技巧

5.2.4　二度创作

如果创作者在策划短视频的脚本内容时很难找到创意，则也可以翻拍和改编一些经典的影视作品。创作者在寻找翻拍素材时，可以去豆瓣电影平台上找到各类影片排行榜（见图 5-9），将排名靠前的影片列出来，然后从中搜寻经典的片段，包括某个画面、道具、台词等内容，都可以将其运用到自己的短视频中。

图 5-9　豆瓣电影排行榜

5.2.5 策划方向

对于短视频新手来说，账号定位和后期剪辑都不是难点，往往最让他们头疼的就是脚本策划。有时候，一个优质的脚本即可快速将一条短视频推上热门。那么，什么样的脚本才能让短视频上热门，并获得更多人的点赞呢？下面总结了一些优质短视频脚本的常用内容形式，如图 5-10 所示。

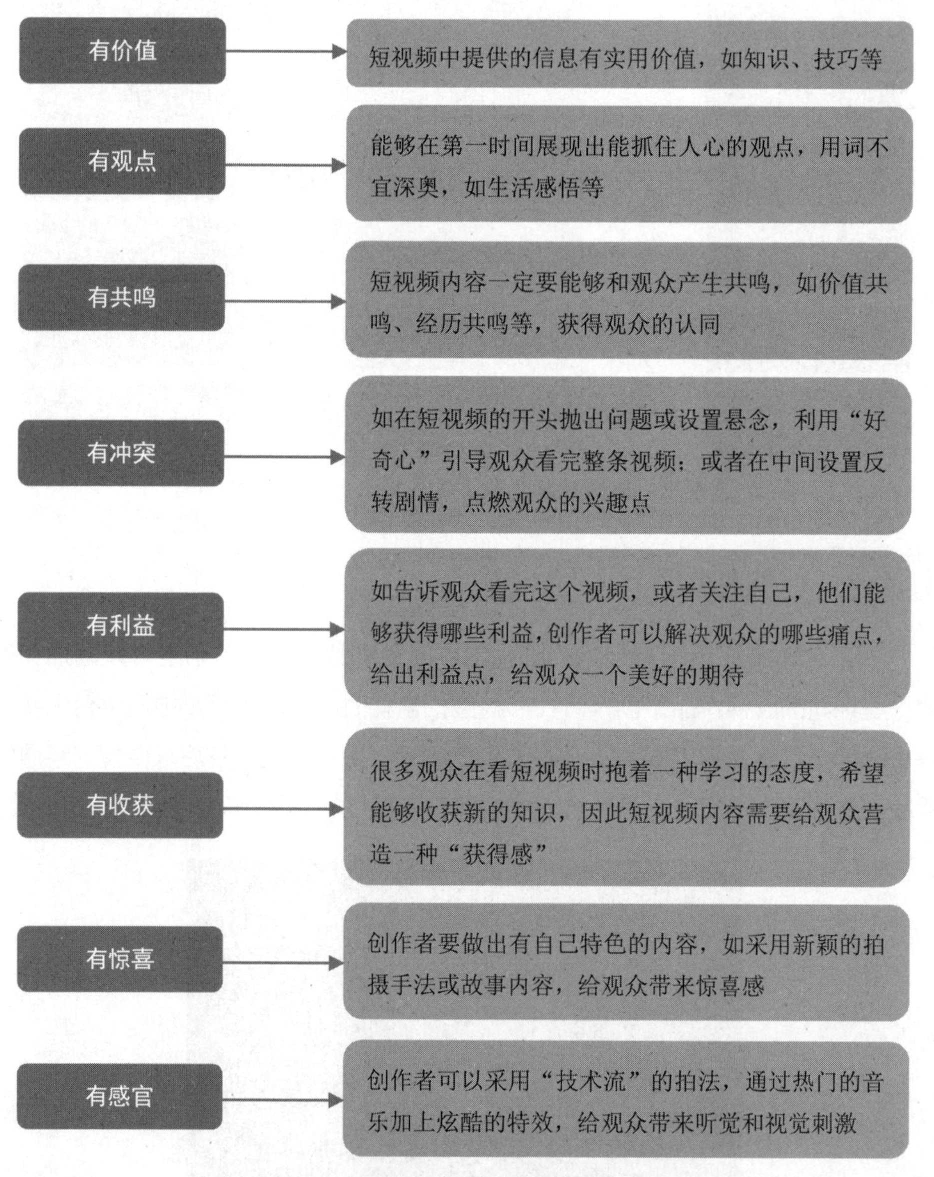

图 5-10 优质短视频脚本的常用内容形式

第6章 短视频借助文案策划抢占先机

短视频的文案策划包含标题与情节的设计，好的标题可以使短视频快速吸引用户眼球；而好的情节则可以使用户长时间地驻留于短视频，直至短视频被完整地观看完。本章将详细介绍如何策划出好的短视频文案标题与情节。

6.1 标题：短视频文案策划的第一要素

标题是短视频文案策划的第一要素，要做好短视频文案，就要重点关注短视频标题的创作。短视频标题创作必须掌握一定的技巧和写作标准，只有熟练掌握标题撰写必备的要素，才能更好、更快地实现标题撰写，达到引人注目的效果。本节将主要介绍短视频文案标题的相关内容。

6.1.1 创作要点

在撰写短视频文案的标题时，需要了解一定的创作要点，如不虚张声势、不冗长繁重、善用吸睛词汇等，详细介绍如下。

1. 不虚张声势

短视频的标题是短视频内容的“窗户”，短视频用户如果能从这扇窗户中看到短视频的大致内容，就说明这个短视频标题是合格的。换句话说，就是标题要体现出短视频内容的主题。

虽然标题就是要起到吸引短视频用户的作用，但是，如果用户被某一标题吸引，点击查看内容时却发现标题和内容主题联系得不紧密，或者完全没有联系，就会降低短视频用户的信任度，而短视频的点赞和转发量也将被拉低。

因此，要求短视频创作者在撰写短视频标题的时候，务必注意所写的标题与内容主题的联系紧密，切勿“挂羊头卖狗肉”或“虚张声势”，而应该尽可能地让标题与内容紧密关联，如图 6-1 所示。

图 6-1 紧密联系主题的短视频标题示例

2. 不冗长繁重

一个标题的好坏直接决定了短视频点击量、完播率的高低，因此短视频创作者在撰写标题时，一定要重点突出、简洁明了，字数不宜过多，最好能够朗朗上口，这样才能让受众在短时间内清楚地知道你想要表达的是什么，从而达到短视频内容被完整地观看完的效果。

在撰写标题的时候，要注意标题用语的简短，突出重点，切忌标题成分过于复杂。标题越简单、越明了，短视频用户在看到简短的标题的时候，会有一个比较舒适的视觉感受，阅读起来也更为方便。图 6-2 所示的抖音短视频标题虽然只有短短几个字，但抖音用户却能从中看出短视频的主要内容，这样的标题重点突出、更有看点。

图 6-2 简短的短视频标题示例

3. 善用吸睛词汇

短视频的标题如同短视频的“眼睛”，在短视频中起着巨大的作用。标题展示着一条短视频的大意、主旨，甚至是对故事背景的诠释，标题的好坏影响着短视频数据的高低。

若短视频创作者想要借助短视频标题吸引受众，就必须使标题有点睛之处，而给短视频标题“点睛”是有技巧的。在撰写标题的时候，短视频创作者可以加入一些能够吸引受众眼球的词汇，比如“惊现”“福利”“秘诀”等。这些“点睛”词汇能够让短视频用户产生好奇心，如图 6-3 所示。

在使用吸睛词汇时，切忌“题不对文”，即短视频的标题与内容无相关性或相关性不大，否则容易使短视频丧失用户的信任，从而影响短视频的效果。

图 6-3　使用吸睛词汇的短视频标题示例

6.1.2　拟写技巧

一个短视频文案，首先映入眼帘的便是标题，好的标题能够使用户驻留观看短视频的内容，并为短视频带来流量。因此，短视频文案的标题十分重要，而遵循一定的原则和掌握一定的技巧能够使短视频创作者更好地创作出优质的文案标题。

1. 拟写的三个原则

评判一个文案标题的好坏，不仅仅要看它是否具有吸引力，还需要参照其他的一些原则。在遵循这些原则的基础上撰写的标题，能够为短视频带来更多的流量。这些原则具体如下。

（1）换位原则：短视频创作者在拟写文案标题时，不能只站在自己的角度去想要推出什么，更要站在受众的角度去思考。也就是说，应该将自己当成受众，假设你是用户，你想知道某个问题的答案，你会用什么样的搜索词进行搜索。以类似这样的思路出发去拟写标题，能够让你的短视频标题更接近用户心理，从而对焦精准的用户人群。

短视频创作者在拟写标题前，可以先将有关的关键词输入搜索浏览器中进行搜索，然后从排名靠前的文案中找出它们写作标题的规律，再将这些规律用于自己要撰写的文案标题中。

（2）新颖原则：新颖原则能够帮助短视频文案的标题更具吸引力。若短视频创作者想要让自己的文案标题形式变得新颖，则可以采用以下几种方式，如图 6-4 所示。

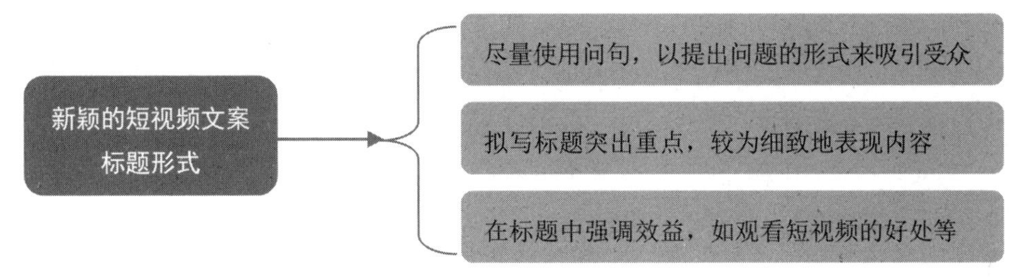

图 6-4 新颖的短视频文案标题形式

（3）关键词组合原则：通过观察，可以发现能获得高流量的文案标题都是拥有多个关键词并且进行组合之后的标题。这是因为，只有单个关键词的标题，它的排名影响力不如有多个关键词的标题。例如，如果仅在标题中嵌入“面膜”这一个关键词，那么用户在搜索时，只有搜索到“面膜”这一个关键词，文案才会被搜索出来；而标题中如果含有“面膜”“变美”“年轻”等多个关键词，则用户在搜索其中任意关键字的时候，文案都会被搜索出来，这样的短视频标题更能吸引用户的眼球。

2. 重视词根的作用

在进行文案标题拟写的时候，短视频创作者需要充分考虑怎样去吸引目标受众的关注。而要实现这一目标，就需要从关键词着手。因为关键词由词根构成，因此要更加重视发挥词根的作用。

词根指的是词语的组成部分，不同的词根组合可以有不同的词义。例如，一篇文案的标题为“十分钟教你快速学会手机摄影”，那么这个标题中的“手机摄影”就是关键词，而“手机”“摄影”就是不同的词根，我们可以写出更多与词根相关的标题，如“摄影技术”“手机拍照”等。用户一般习惯于根据词根去搜索短视频，而如果你的短视频中恰好包含了用户搜索的词根，那么你的短视频便很容易被推荐给用户观看。

3. 凸显文案的主旨

俗话说“题好一半文”，意在说明一个好的标题就等于视频文案成功了一半。衡量一个标题好坏的方法有很多，而标题是否体现视频的主旨就是衡量标题好坏的一个主要参考依据。

如果一个短视频标题不能够做到在短视频用户看到它的第一眼就明白它想要表达的内容，那么该短视频便不容易被用户查看到，且短视频容易丧失一部分价值。

因此，短视频创作者为实现视频内容的高点击量和高效益，在拟写文案标题时一定要注重凸显文案的主旨，紧扣视频的内容。例如，短视频创作者可以在脚本的大致框架中概括出一个或两个关键词作为标题；也可以将自己的视频内容中想要传达的价值在标题中体现出来。

6.1.3 拟写模板

在短视频账号的运营过程中，标题的重要性不言而喻，正如曾经流传的一句话所言：“标题决定了 80% 的流量。”虽然其来源和准确性不可考，但从其流传之广可知，其表达出来的关于标题重要性的观点是值得重视的。短视频创作者在拟写文案标题时，有一定的表达模板可供借鉴，详细介绍如下。

1. 价值传达型标题

价值传达型标题是指向短视频观看者传递一种只要观看短视频就可以掌握某些技巧或者知识的信心。在打造价值传达型标题的过程中，往往会碰到这样一些问题，比如：什么样的标题才算有价值？价值传达型标题应该具备哪些要素？那么，价值传达型标题到底应该如何撰写呢？具体而言，短视频创作者可以参考如图 6-5 所示的技巧。

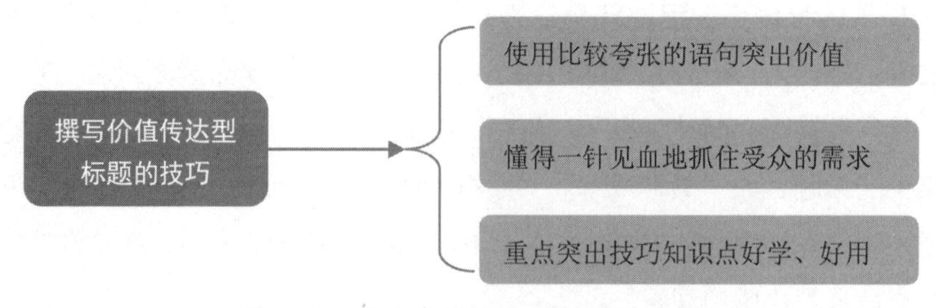

图 6-5 撰写价值传达型标题的技巧

价值传达型标题通常会出现在技术类文案之中，主要为受众提供实际、好用的知识和技巧，示例如图 6-6 所示。

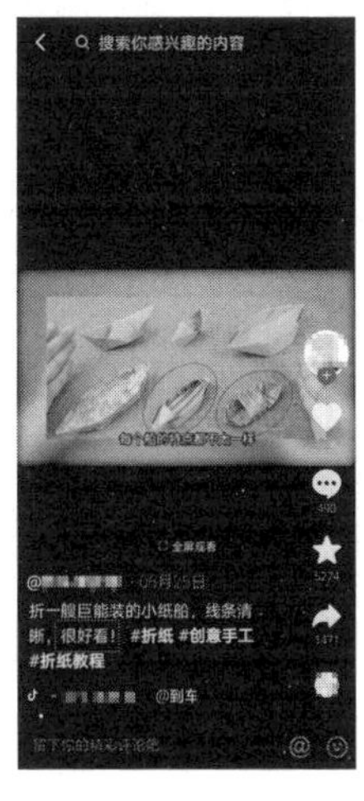

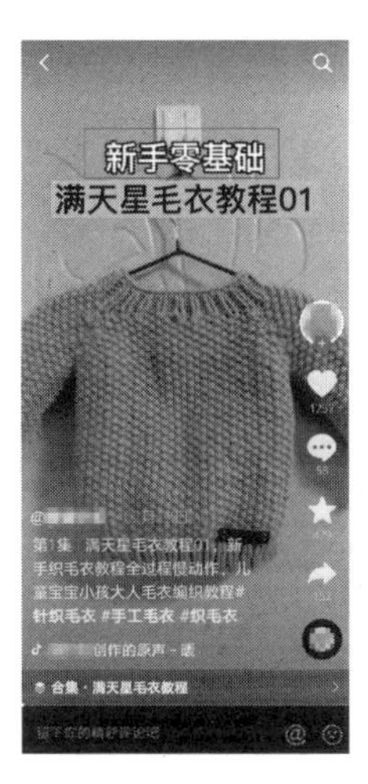

图 6-6　价值传达型标题的短视频示例

2. 励志鼓舞型标题

励志鼓舞型标题最为显著的特点就是“现身说法”，一般是通过第一人称的原型讲故事，故事的内容包罗万象，但总的来说离不开成功的方法、经验以及教训等。励志鼓舞型标题模板主要有两种，具体如图 6-7 所示。

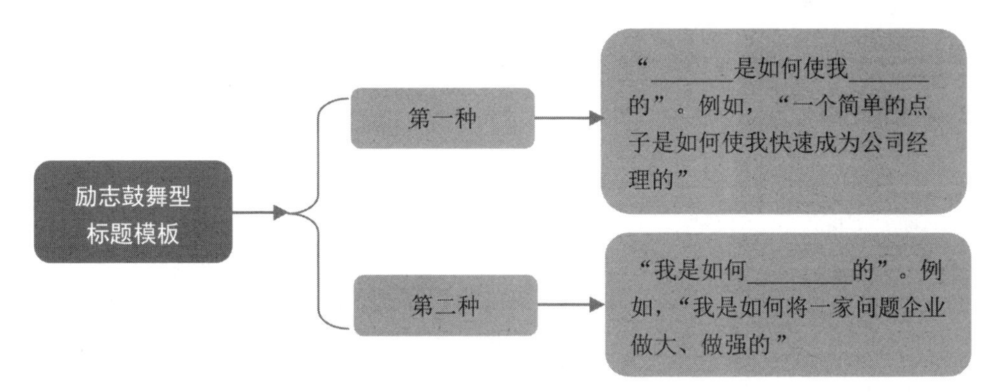

图 6-7　励志鼓舞型标题的两种模板

励志鼓舞型标题的好处在于互动性强，容易制造一种鼓舞人心的感觉，勾起短视频用户的欲望，从而提升短视频的完播率。一个成功的励志鼓舞型标题不仅能够带动受众的情绪，而且还能促使用户对短视频产生极大的兴趣。图 6-8 所示为励志鼓舞型标题的短视频示例，带有较强的励志情感。

图 6-8　励志鼓舞型标题的短视频示例

3. 悬念制造型标题

好奇是人的天性，悬念制造型标题就是利用人的好奇心来进行标题打造的。标题中的悬念是一个“诱饵”，引导短视频用户观看短视频的内容，因为大部分人看到标题里有没被解答的疑问和悬念，就会忍不住想要一探究竟。

悬念制造型标题在日常生活中运用得非常广泛，也非常受欢迎。人们在看电视、综艺节目的时候也会经常看到一些节目预告之类的广告，这些广告就会采用这种悬念制造型的标题引起观众的兴趣。利用悬念撰写标题的方法通常有 4 种，具体如图 6-9 所示。

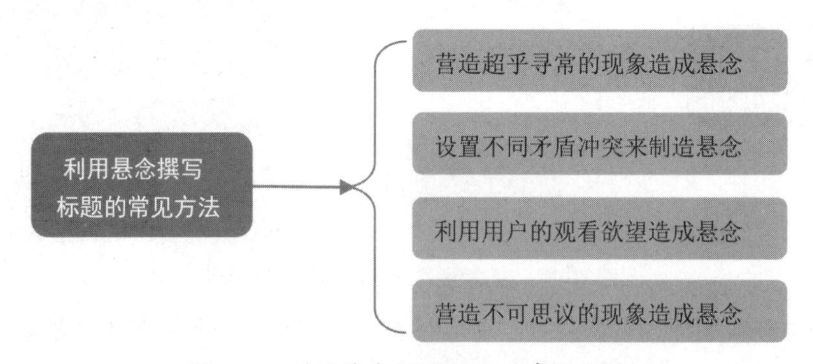

图 6-9　利用悬念撰写标题的常见方法

悬念制造型标题是运用得比较频繁的一种文案标题模板，可以为众多短视频带来较为理想的营销效果和传播效果。图 6-10 所示为悬念制造型标题的短视频示例。

图 6-10　悬念制造型标题的短视频示例

4. 借势热点型标题

“借势”热点是一种常用的标题制作手法，“借势”不仅是完全免费的，而且效果还很可观。借势热点型标题是指在标题中借助社会上的一些时事热点、新闻的相关词汇来给短视频造势，增加短视频的播放量。

“借势”一般都是借助最新的热门事件来吸引受众的眼球。一般来说，时事热点拥有一大批关注者，而且传播的范围也会非常广，借助这些热点，短视频的标题和内容曝光率会得到明显的提高。在创作借势热点型短视频标题的时候，短视频创作者可以采取如图 6-11 所示的技巧。

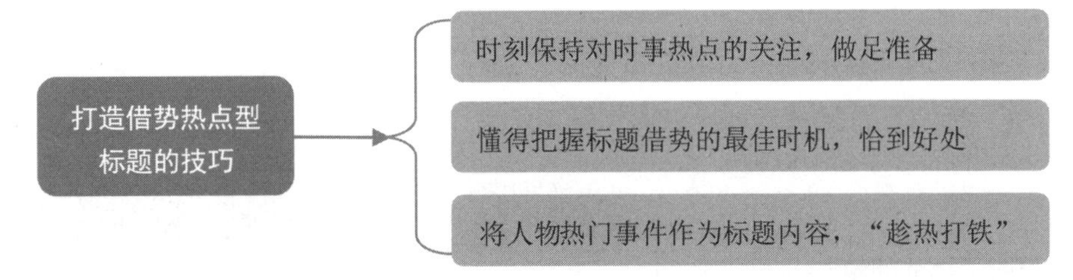

图 6-11　打造借势热点型标题的技巧

近期，一位短视频创作者发布了一条名为《回村三天，二舅治好了我的精神内耗》的短视频，该短视频凭借优质的内容在网络上迅速获得了极高的热度。不少短视频拍摄者纷纷就此短视频发表看法，并制作自己的视频内容，如图 6-12 所示。

图 6-12　借势热点型标题的短视频示例

值得注意的是，在打造借势热点型标题的时候，要注意两个问题：一是要避开带有负面影响的热点，确保短视频所传达的价值观是积极向上、充满正能量，且带给受众正确思想引导的；二是最好在借势热点型标题中加入自己的想法和创意，然后将发布的短视频与之相结合，做到借势和创意的完美同步。

5. 福利发送型标题

福利发送型标题是指在标题中带有与“福利”相关的字眼，向用户传递一种“这条短视频就是来送福利的”的感觉，让短视频用户自然而然地想要看完短视频。发送福利型标题借助短视频用户想要赢得某些利益的心理需求，让短视频用户一看到“福利”的相关字眼就会忍不住想要了解短视频的内容。

在拟写这类标题时，可以直接使用“福利”字眼，也可以借助“实惠”“物超所值”等词汇，其技巧如图 6-13 所示。

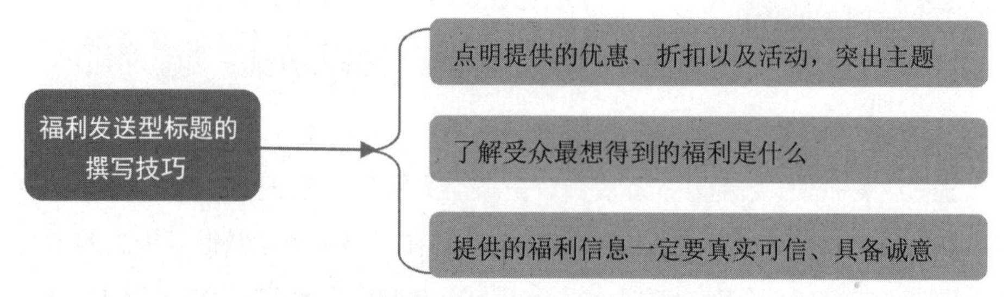

图 6-13　福利发送型标题的撰写技巧

福利发送型标题分为直接福利型和间接福利型两种，不同的表达形式具有不同的特色，示例如图 6-14 和图 6-15 所示。

图 6-14　直接福利型标题的短视频示例　　图 6-15　间接福利型标题的短视频示例

除了上面提到的 5 种标题拟写模板外，短视频创作者在撰写文案标题时，还可以参考揭露解密型标题，为受众揭露某个不为人知的秘密；视觉冲击型标题，带给人视觉和心灵的触动力量；警示受众型标题，通过发人深省的内容和严肃深沉的语调给受众以强烈的心理暗示；数字具化型标题，通过具体的数字来概括相关主题内容；观点表达型标题，以表达观点为核心等，创作出更优质、更高水准的短视频标题。

6.1.4　拟写要求

标题的拟写大多是以为短视频带来更多流量为目标的，即短视频标题的拟写追求爆款文案标题。如果短视频创作者想要深入学习如何撰写短视频爆款文案标题，则需要掌握相应的拟写要求，具体如图 6-16 所示。

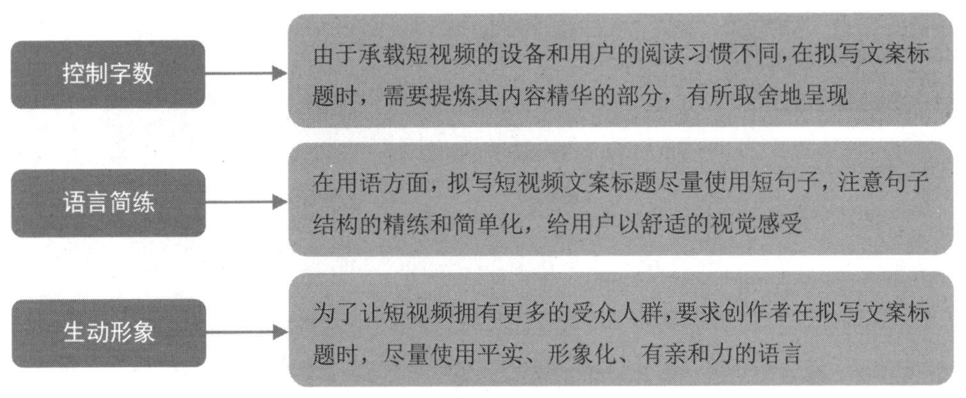

图 6-16　短视频爆款文案标题的拟写要求

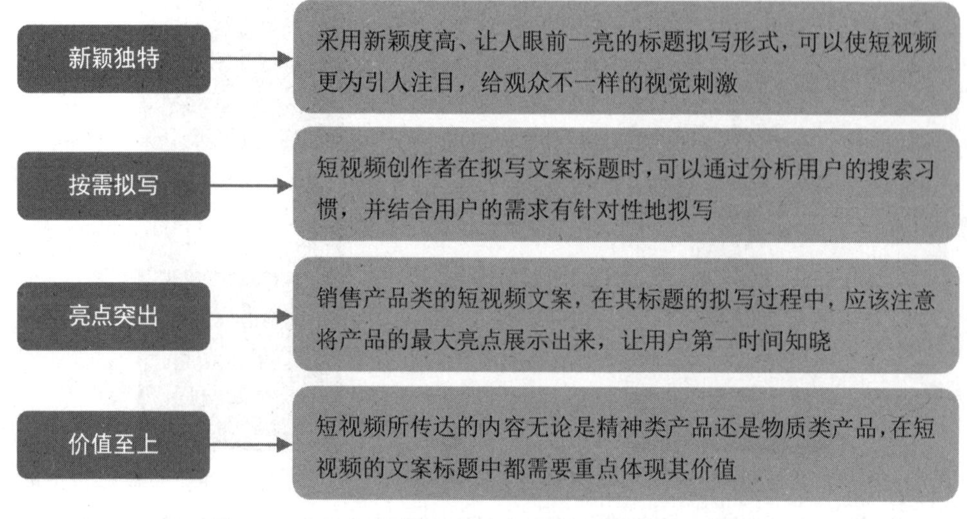

图 6-16　短视频爆款文案标题的拟写要求（续）

6.1.5　优化标准

短视频创作者在撰写文案标题时，若想要借助标题给短视频带来更多的流量，则可以按照如图 6-17 所示的 6 个标准来优化标题。

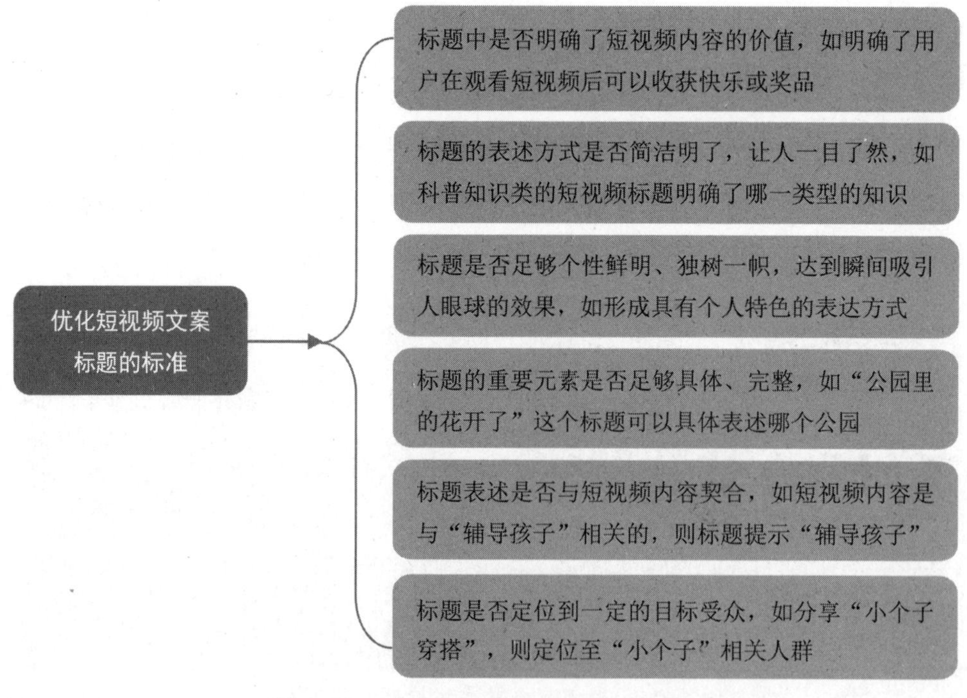

图 6-17　优化短视频文案标题的标准

> 专家提醒：从短视频的目标来看，大部分短视频的创作都是以广大人群为受众的，受众越广意味着短视频的受欢迎程度越高，相应地短视频获得的效益也会越高。但这一目标的实现有一定的难度，因为大部分短视频是以某一垂直领域或知识分区来传达内容的，因此短视频创作者在拟写文案标题时，应重点关注相关领域的目标受众，先巩固目标受众，再进行受众的范围扩展。

6.1.6 注意事项

在撰写标题时，短视频创作者还要注意不要走入误区，一旦标题失误，便会对短视频的数据造成不可小觑的影响。本节将从标题撰写中容易出现的6个误区出发，介绍如何更好地打造短视频文案标题，如图6-18所示。

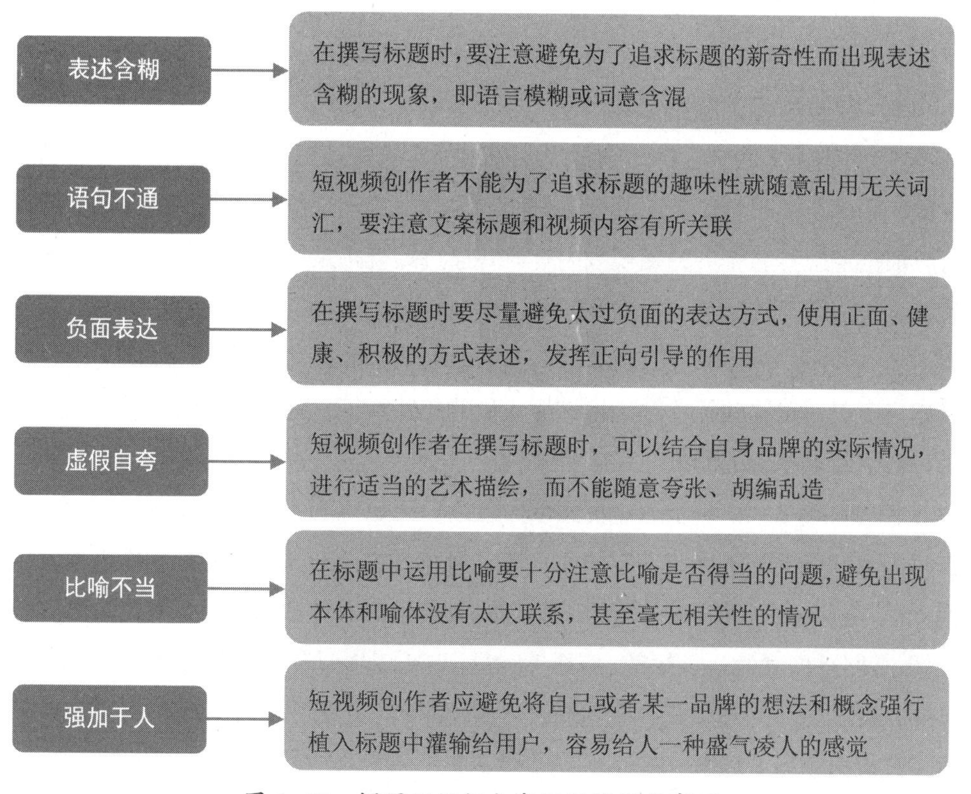

图6-18 撰写短视频文案标题的注意事项

6.2 情节：增加短视频看点的“宝典”

情节是短视频内容的重要组成部分。许多短视频用户之所以喜欢观看短视频，主要是因为其情节设计足够吸引人。那么，如何进行短视频情节的设计呢？具体来说，情节设计需要短视频创作者有足够大的脑洞和善于挖掘热梗的能力，而培养这些能力可以重点从故事剧本设计和抓住用户心理两个方面进行思考。

6.2.1 故事剧本设计

在短视频中穿插故事剧本，往往能够使短视频达到情节丰富，极大地吸引人的效果，且故事剧本的情节比一般的叙述相对饱满，可以提升短视频内容的品格。具体而言，故事剧本的设计有 6 种方式，可以让短视频的情节更具有戏剧性、更能吸引短视频用户的目光。下面将详细介绍这些方式。

1. 定位内容，明确风格

在短视频账号的运营过程中，短视频创作者应该对短视频内容进行准确的定位，即确定该账号侧重于发布哪方面的内容。内容定位完成后，短视频运营者可以根据定位打造相关的短视频内容，并通过短视频来加强人设的特征，从而明确该账号归属下的视频更新内容风格。

人设就是人物设定，简单理解，就是给人物贴上一些特定的标签，让短视频用户可以通过这些标签准确地把握人物的某些特征，进而让人物形象在短视频用户心中留下深刻的印象。

例如，图 6-19 所示的短视频创作者给自己定位的人设是情感账号，发布的视频内容涵盖人们的亲情、友情和爱情等情感，主要形式是短视频创作者本人出镜，以“过来人”的身份、聊天的口吻畅谈自己对于情感的见解。其视频的时长不超过两分钟，通常以简短的、概括性的话语输出，类似“情出自愿，事过无悔”“三冬暖，春不寒”的对仗式、凝练的表达语句深入人心，引起了人们的共鸣，并获得了高点击量和关注度。

该短视频账号则为成功的人设定位，其能够取得高关注度的原因有三个：一是视频内容时长短、价值输出密集，符合人们的快节奏需求；二是视频内容为情感类话题，内容本身价值高；三是短视频创作者的表达能够引起人们的共鸣。

图 6-19　通过定位加强人设特征的短视频示例

2. 设计反转，营造惊喜

如果一条短视频一看开头便能够猜到结尾，那么这条短视频属于增加用户审美疲劳的视频范畴，相对于优质的短视频而言，实现大流量或赢得用户关注的可能性较低。

反而是那些设计了“反转”剧情的视频内容，打破了人们的惯性思维，往往能让人觉得眼前一亮，给人耳目一新之感。

例如，在如图 6-20 所示的短视频中，标题以“分手也需要仪式感”字样先入为主，意在表明这是一条内容关于分手的短视频。在具体的视频内容中，剧情设置是即将分手的恋人共同花完最后的 100 元，之后各奔东西，而在视频接近尾声时，男生突然说了一句“不是说好留 9 元领证的吗”，出现反转，营造出不一样的视频效果。

图 6-20 所示的短视频之所以能够吸引许多短视频用户的关注，并获得了大量的点赞和评论，主要是因为该短视频中设计了“反转”剧情，让短视频用户看完之后，收获了意想不到的惊喜。用户在看完短视频后会深感内容安排得十分巧妙，之后便按捺不住地为该短视频点赞。

3. 卖弄幽默，引人发笑

有这样一句话：“笑是生活的解药”，意在说明幽默之于人、之于生活的重要性。就观看短视频这一行为而言，许多用户之所以乐于观看，就是希望能通过观看短视频来缓解一部分生活的压力，收获短暂的快乐。基于这一点，短视频创作者可以展现自己的幽默，融入搞笑的段子来设计剧情，从而让用户从短视频中获得快乐。

图 6-20　设计“反转”剧情的短视频示例

例如，短视频创作者通过发挥想象，刻画出一个“会说话”的猫咪形象，赋予猫咪人类的思想和行为，因猫咪的可爱仪态加上搞笑的配音，营造出一种“猫咪真的会说话，并且能够进行和人类一样的思考”的氛围。在图 6-21 所示的短视频中，猫咪参与了“给妈妈写一封信”这一活动，包括写信之前厘清思路、信中穿插着自己的情感等行为都形似人类，使得整条短视频引人发笑。

图 6-21　幽默搞笑的短视频示例

在看完这条短视频之后，很多短视频用户都会忍俊不禁，从中收获了快乐，并为其点赞或转发。

4. 取材生活，抖小机灵

在短视频剧情的设计过程中，短视频创作者可以适当地抖一些小机灵，设置家喻户晓的爱情剧情套路或取材有普遍性的生活事件，串联成故事情节，从而创作出更好的短视频内容。

设计“狗血”剧情，即被反复模仿翻拍、受众司空见惯的剧情，是一种常见的短视频创作。虽然这种剧情都有些“烂大街”了，但是，既然它能一直存在，就说明它还是能够为许多人所接受的。而且有的“狗血”剧情在经过一定的设计之后，还会让人觉得别有一番风味。

例如，短视频创作者设置的剧情是女生以快递太多需要人帮助为理由，成功获得一位男生的帮助，后来发现这个男生竟然是住在自己对门的邻居。于是，女生借来朋友家的小狗，邀请男生每天去遛狗，暗暗地表达着自己对男生的喜欢。随着剧情的发展，男生也对女生产生了好感，并向女生告白。这类短视频的剧情设置属于看到开头便可以猜到结尾的类型，内容新颖度一般，但优势在于传达出的“爱情很美好”这一主题可以使用户百看不厌。图6-22所示为设置家喻户晓的爱情剧情的短视频示例。

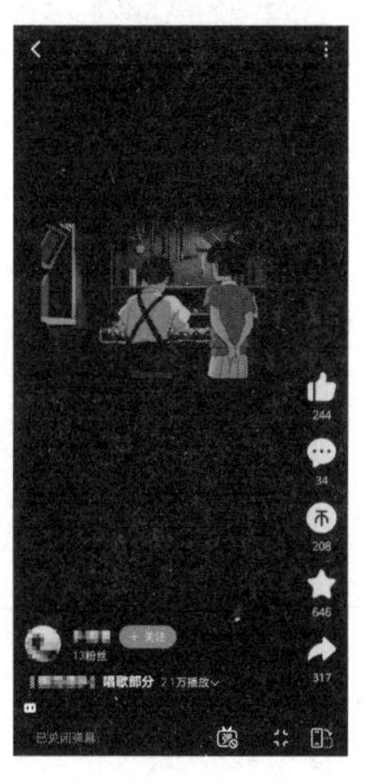

图 6-22　设置家喻户晓的爱情剧情的短视频示例

5. 围绕热点，紧跟时髦

所谓热点，即当下人们最为关心的事物或事件，包含时事新闻、娱乐八卦、生活趣事、影视热播剧等。短视频创作者在创作短视频的过程中，可以适当地加入一些网络热点资讯，让短视频内容在满足用户获取热点信息需求的同时，增加短视频的实时性。

例如，在热播综艺《五十公里桃花坞》中，有很多令人觉得有意思的表达和引人共鸣的片段。有些短视频创作者在创作短视频的时候，选取自己喜欢的片段进行加工后发布，获得了极高的点赞与关注，示例如图 6-23 所示。

图 6-23　结合热门综艺创作的短视频示例

6. 明星效应，顺势而为

在当今时代，偶像的力量尤为被重视，每个人或多或少都有一两个喜欢或欣赏的偶像，而娱乐圈里的偶像不胜枚举，因此，借助明星效应是短视频创作者的一个机遇。

借助明星效应的短视频受到高关注度的原因主要有两个：一是明星本身属于公众人物，其生活和相关事迹受人关注的可能性大；二是明星有一定的粉丝基础，在其粉丝看到有利于自己喜欢的明星的短视频内容时，会下意识地观看并点赞。

6.2.2　抓住用户心理

短视频创作者若想让自己的短视频吸引更多用户的关注，则可以考虑“换位思考”，了解短视频用户的所思所想，通过抓住用户的心理来增加短视频的浏览量。下面将从用户的心理出发，通过满足用户的特定需求来提高短视频的吸引力。

1. 猎奇心理

一般说来，大部分人对那些未知的、刺激的事物都会有一种想要去探索、了解的欲望。所以，短视频创作者在创作短视频的时候就可以抓住用户的这一心理，打造具有神秘感的短视频内容，以满足用户的猎奇心理，从而获得更多用户的关注。

例如，常见的连载故事、剧情解说等短视频内容则是短视频创作者基于用户的猎奇心理来创作的，示例如图 6-24 所示。

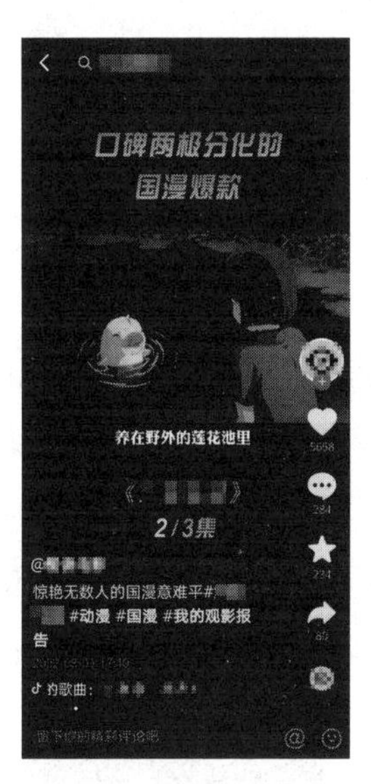

图 6-24　满足用户猎奇心理的短视频示例

2. 学习心理

有一部分人在浏览网页、手机上的各种新闻、文章的时候，抱有学到一些有价值的东西、扩充自己的知识面、增加自己的技能等目的。因此，短视频创作者在创作短视频的时候就可以将这一因素考虑进去，让自己创作的短视频内容给用户一种学习心理得到满足的感觉，示例如图 6-25 所示。

3. 私心心理

人们对于属于自己的范畴、与自己的利益相关的事物多会习惯性地给予关注，这是极为正常的一种私心心理。短视频创作者在创作短视频时，可以以满足人们的私心心理为出发点来打造视频的价值，这也是一个不错的创作方向。

图 6-25　满足用户学习心理的短视频示例

4. 感动心理

常言道：“有情之人”，意在人大多是“感性大于理性的动物”，因此人或多或少都会为世界上的所有存在付诸一些情感，观看短视频这一行为也不例外。

人们在观看短视频时，会因为短视频的内容而产生不同的情绪波动，时而捧腹大笑，时而苦思冥想，时而泪流满面，时而大受震撼，时而愤慨不公等。其中，感动心理是人们这些情绪产生的重要机制，因为人受视频内容所触动，产生了共鸣，进而表现出各式各样的情绪，短视频示例如图 6-26 所示。

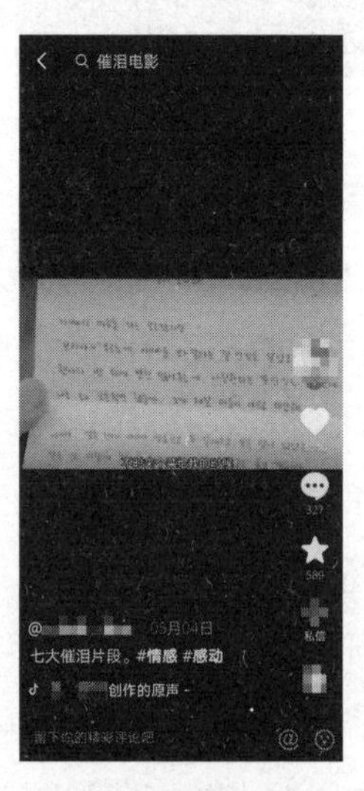

图 6-26　满足用户感动心理的短视频示例

以感动心理为内容创作的短视频大多会受到极高的关注，至少在播放时长上可能相对于其他短视频而言会更高，因为引起人们共鸣的内容更容易吸引人的关注，人们容易投入真情实感，进而陷入其中，所以停留于该短视频的时间会更久。

5. 求抚慰心理

短视频是一个能包含很多东西的载体，有其自身的很多特点，比如无须花费太多金钱，或者无须花费过多脑力，所以是一种很“平价”的东西。因为短视频里面所包含的情绪大都能够包含众多人的普遍情况，所以短视频用户在遇到心灵情感上的问题的时候，也更愿意通过观看短视频来舒缓压力或情绪。

图 6-27 所示为“一禅小和尚的语录”发布的两条短视频，这两条短视频就是通过情感的传递来满足用户的求抚慰心理的。

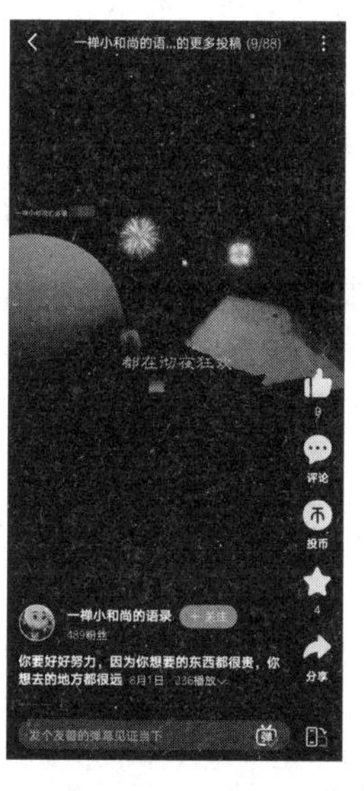

图 6-27　满足用户求抚慰心理的短视频示例

6. 追忆心理

过去的时光之所以珍贵，大抵是因为过去的时光不可改变、不能返回，因此格外地受到人们追忆。短视频创作者可以借助人们的追忆心理，如将 20 世纪八九十年代的元素融入短视频创作中，唤起人们的回忆，从而获取用户的关注。

例如，能满足短视频用户追忆心理的短视频内容通常都会展示一些有关童年的回忆，如图 6-28 所示。

图 6-28　满足用户追忆心理的短视频示例

7. 消遣心理

短视频的兴起与受欢迎在很大程度上是因为其能够满足人们的消遣心理。随着人们生活水平的提高，娱乐消遣类的产品或服务更为人们所重视，而短视频作为其中具有娱乐消遣作用的产品，刚好满足了人们的这一需求。短视频中以传播搞笑、幽默内容为目的的内容创作会比较容易满足用户的消遣心理。

拍摄剪辑篇

第7章 短视频的成品有拍摄技巧可言

拍摄是短视频成品的必经之路，在前期的准备工作中和拍摄进程中都有一定的技巧可言，如在拍摄前期熟悉一些拍摄手法、在拍摄进程中把握好构图与打光等。本章将主要介绍短视频拍摄的相关技巧。

7.1 技巧：拍摄短视频成品的技巧

视频拍摄的重点在于画面足够清晰和美观，而借助一些拍摄技巧能够顺利达到这些拍摄效果，如镜头与主体保持距离、随场景变化切换画面等。本节将具体介绍拍摄短视频的相关技巧。

7.1.1 镜头与主体保持距离

镜头与视频拍摄主体之间保持一定的拍摄距离，能够在手机镜头像素稳定的情况下，改变视频画面的清晰度。一般来说，距离镜头越远视频画面越模糊，距离镜头越近视频画面越清晰。但过分的近距离会使视频画面因为失焦而变得模糊，因此，拍摄者对拍摄距离远近需要有所把控。

一般在拍摄短视频的时候，会用两种方法来控制镜头与视频拍摄主体的距离。

第一种方法是靠手机里自带的变焦功能，将远处的拍摄主体拉近。这种方法主要适用于被拍摄对象较远，无法短时间到达，或者被拍摄对象位于难以到达的地方的情况。

通过手机的变焦功能，能够将远处的景物拉近，再进行视频拍摄，就很好地解决了这一问题。而且在视频拍摄过程中，采用变焦拍摄还可以省去拍摄者因拍摄位置不同而需要不停走动的麻烦，拍摄者无须改变位置就可以拍摄到远处的景物。

在手机视频拍摄过程中使用变焦设置，一定要把握好变焦的程度，因为远处景物会随着焦距的拉近而变得不清晰。

第二种方法是针对短时间能够到达或者容易到达的地方，可以通过移动机位来达到缩短拍摄距离的效果。图 7-1 所示为采用近距离的方式拍摄的荷花短视频，不仅主体非常突出，甚至连花瓣上的纹路都能够看得清。

图 7-1 近距离拍摄的荷花短视频

7.1.2 随场景变化切换画面

场景的转换通常会被误以为是简单地将镜头从一个地方移动到另一个地方，从而被忽视。然而，在影视剧的拍摄中，场景的转换至关重要，它不仅关系到作品中剧情的走向或视频中人物的命运，也关系到视频的整体视觉效果。

如果一段视频中的场景转换十分生硬，除非是特殊的拍摄手法或者导演想要表达特殊的含义，这种生硬的场景转换会使视频的质量大大降低。在影视剧当中，场景的转换一定要自然流畅，行云流水、恰到好处的场景转换才能使视频的整体质量大大提升。

手机短视频拍摄中的场景转换有以下两种类型。

一种类型是在同一个镜头中一段场景与另一段场景的变化，这种场景之间的转换需要自然得体，符合视频内容或故事走向。例如下面这条短视频，第一个场景拍摄的是大范围湖面的风光；第二个场景则将镜头拉近，拍摄湖岸上人类的活动。两个场景共同组成了一条湖面风光主题的短视频，如图 7-2 所示。

图 7-2 通过两个场景组成一条湖面风光主题的短视频

另一种类型是一个片段与另一个片段之间的转换，稍微专业一点来说就是转场，转场就是多个镜头之间的画面切换。这种场景效果的变换需要用到手机视频后期处理软件来实现。

具有转场功能的手机视频处理软件非常多，如剪映 App。大家在下载剪映 App 之后，导入两段及以上的视频，进入“转场”界面就可以为视频设置转场效果。后续的章节会有专门讲解添加转场效果的操作方法，此处不进行过多介绍，大家可以先将软件下载下来自行摸索，以便后面更好地学习转场特效的制作方法。

> 专家提醒：拍摄者在拍摄具有故事性的短视频时，一定要注意场景变换会给视频故事走向带来的巨大影响。一般来说，场景转换时出现的画面都会带有某种寓意或者象征故事的某个重要环节，所以场景转换时的画面一定要与整个视频内容有关联。

7.1.3 平稳呼吸防画面抖动

呼吸能引起胸腔的起伏，在一定程度上能带动上肢，也就是双手的运动，所以呼吸可能会影响视频拍摄的画质。一般来说，当呼吸声较大、较剧烈时，双臂的运动幅度也会有所增加。图 7-3 所示为在呼吸声太大的情况下拍摄的视频画面。

图 7-3 在呼吸声太大的情况下拍摄的视频画面

所以，拍摄者若能够保持均匀的呼吸，便可以在一定程度上增加视频拍摄的稳定性，从而使视频画面更加清晰。尤其是在双手举起手机进行拍摄的情况下，这种呼吸声极易造成画面抖动。

拍摄者若想要保持平稳与均匀的呼吸，切记在视频拍摄之前不要做剧烈运动，或者在运动过后等呼吸平稳了再开始拍摄视频。此外，在拍摄过程中，拍摄者也要做到“小、慢、轻、匀”，即“呼吸声要小，身体动作要慢，呼吸要轻，要均匀”。

在呼吸声较小的情况下，拍摄出来的视频画面会相对清晰，如图 7-4 所示。另外，如果手机本身具有防抖功能，则一定要记得开启，也可以在一定程度上使视频画面更稳定。

图 7-4　在呼吸声较小的情况下拍摄的视频画面

> 专家提醒：在短视频的拍摄过程中，除了要控制呼吸声之外，拍摄者还要注意手部动作以及脚下动作的稳定。身体动作过大或者过多，都会导致手中的手机发生摇晃，且不论摇晃幅度的大小，只要手机发生摇晃，除非是特殊的拍摄需要，否则都会对视频画面产生不良的影响。所以，拍摄者在拍摄短视频时，一定要注意身体动作的协调与呼吸声的均匀，以便拍摄出更好的视频效果。

7.1.4　调整焦距拍出虚化效果

在使用手机拍摄短视频时，拍摄者若想要拍摄出背景虚化的效果，就要让焦距尽可能地放大，但焦距放得太大容易导致视频画面变模糊。因此，背景虚化的关键点在于拍摄距离、对焦和背景选择。

1. 拍摄距离

现今，大多数手机都采用了带有背景虚化功能的大光圈镜头，能够轻松拍出主体清晰、背景模糊的画面效果。图 7-5 所示为在一倍焦距下拍摄的花朵画面。

图 7-5　在一倍焦距下拍摄的花朵画面

图 7-6 所示为在两倍焦距下拍摄的花朵画面，花朵主体被放大，且更加突出，同时背景变得更模糊。

图 7-6　在两倍焦距下拍摄的花朵画面

专家提醒：焦距设置得越大，背景画面就会越模糊。拍摄者在拍摄短视频时，可以根据不同的拍摄场景来设置合适的焦距倍数。

2. 对焦

对焦就是在拍摄短视频时，在手机镜头能对焦的范围内，离拍摄主体越近越好，在屏幕中点击拍摄主体，即可对焦成功，这样就能获得清晰的主体。

另外，对于某些内置了“人像视频”模式的手机来说，在使用该模式拍摄短视频时，会自动对焦并识别出人物，同时对背景进行虚化处理，因此可以直接拍出背景虚化的视频效果，如图 7-7 所示。

图 7-7 “人像视频”模式拍摄画面

3. 背景选择

选择好背景，可以使拍摄出来的视频效果更好。在选择背景时，尽量选择干净的背景，让视频画面看上去更简洁。

视频背景的选择会对整个画面效果产生很大的影响，如果主体选得好，而背景选得不理想，那么画面的整体效果也会大打折扣。图 7-8 所示为拍摄白鹭的视频效果，主体清晰，背景模糊，背景颜色也很统一，整体画面非常简洁。

图 7-8 拍摄白鹭的视频效果

7.1.5 ND 滤镜模拟大光圈效果

当拍摄者在室外拍摄短视频的时候，拍摄现场的光线通常非常明亮，在使用普通镜头时没法用大光圈进行拍摄，画面很容易过曝，拍出来的短视频会变成全白的画面，因此我们需要使用一些特殊设备来将光线压暗。

此时，ND 滤镜（Neutral Density Filter，又称减光镜或中性灰度镜）就是一个必不可缺的设备，如图 7-9 所示。

图 7-9 ND 滤镜

在手机镜头前安装了 ND 滤镜后，用户可以根据拍摄环境的光线状况来调整明暗度，从而防止画面曝光过度。图 7-10 所示为通过 ND 滤镜将光线压暗后，营造出更加柔和的视频画面效果，画面中山水共一色，波光粼粼。

图 7-10 柔和的视频画面效果

7.1.6 升格镜头营造高级感画面

如果在拍摄短视频时手稍微有点儿抖动，或者稳定器没有达到想要的预期效果，那么拍摄者可以通过升格镜头的方式，尽量用一些高的帧率进行拍摄，让画面更加稳定，进而营造出一种高级感画面。

在通常情况下，视频拍摄的标准帧率为每秒 24 帧，升格则是指采用高帧率的方式，如每秒 60 帧或更高，拍摄出流畅的慢动作效果，如图 7-11 所示。也就是说，在普通情况下 1 秒只有 24 张图，而升格镜头则可以拍出 60 张图甚至更多，并通过放慢速度让观众看到更加精彩的画面效果。

图 7-11 升格镜头拍摄效果

7.2 构图：让短视频整体构造有美感

在拍摄短视频时，构图是指通过安排各种物体和元素，以实现一个主次关系分明的画面效果。我们在拍摄短视频场景时，可以通过适当的构图方式，将自己的主题思想和创作意图形象化和可视化地展现出来，从而创作出更出色的视频画面效果。

7.2.1 画幅奠定构图的基础

画幅是影响短视频构图取景的关键因素，拍摄者在构图前要先确定短视频的画幅。画幅是指短视频的取景画框样式，通常包括横画幅、竖画幅和方画幅三种，也可以称为横构图、竖构图和正方形构图。

1. 横构图

横构图就是将手机水平持握拍摄，然后通过取景器横向取景。因为人眼的水平视角比垂直视角要更大一些，因此，横画幅在大多数情况下会给观众一种自然舒适的视觉感受，同时可以让视频画面的还原度更高。

图 7-12 所示为采用横构图拍摄的湖边日落视频画面，能够表现出安静、宽广、平衡及宏大的视觉感受，适合用来展现环境和空间。

图 7-12　横构图拍摄的视频画面

2. 竖构图

竖构图就是将手机垂直持握拍摄，拍出来的视频画面拥有更强的立体感，比较适合拍摄具有高大、线条以及前后对比等特点的短视频题材，如图 7-13 所示。抖音和快手等平台上的短视频默认采用竖构图的方式，画幅比例为 9:16。

图 7-13　竖构图拍摄的视频画面

3. 正方形构图

正方形构图的画幅比例为 1:1。要拍出正方形构图的短视频画面，通常要借助一些专业的短视频拍摄软件，如美颜相机、小影、VUE Vlog、轻颜相机及无他相机等 App。以美颜相机 App 为例，进入“视频”拍摄界面，❶点击画幅比例图标，❷选择 1:1 的尺寸即可，如图 7-14 所示。

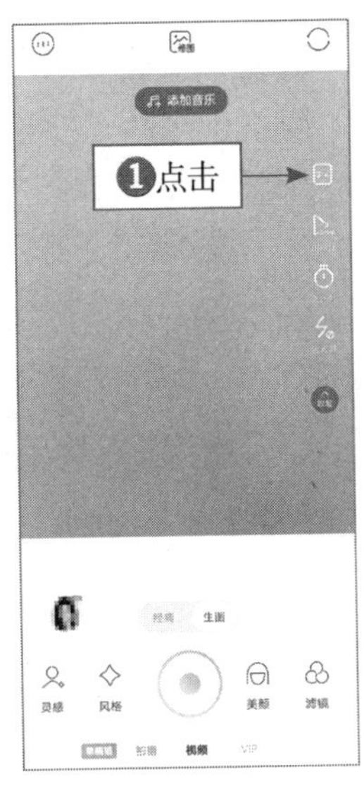

图 7-14　设置为正方形构图的画幅

7.2.2　前景增添构图的光彩

前景，简而言之，是指位于视频拍摄主体与镜头之间的事物。前景构图是指利用恰当的前景元素来构图取景，可以使视频画面具有更强烈的纵深感和层次感，同时也能极大地丰富视频画面的内容，使视频更加鲜活饱满。因此，我们在进行短视频拍摄时，可以将身边能够充当前景的事物拍摄到视频画面当中来。

前景构图有两种操作思路：一种是将前景作为陪体，将主体放在中景或背景位置上，用前景来引导视线，使观众的视线聚焦到主体上；另一种则是直接将前景作为主体，通过背景环境来烘托主体。图 7-15 所示为使用前景构图拍摄的花海短视频画面，选取大片的花丛作为前景，不仅丰富了画面的内容，烘托了画面的气氛，而且还提升了短视频的整体质感。

> 专家提醒：前景构图是视频拍摄的常用手法，发挥着突出主体的重要作用。

图 7-15　前景构图拍摄的花海短视频画面

在构图时，给视频画面增加前景元素，主要是为了让画面更有美感。那么，哪些前景值得我们选择呢？在拍摄短视频时，可以作为前景的元素有很多，如花草、树木、水中的倒影、道路、栏杆以及各种装饰道具等。不同的前景有不同的作用，如突出主体、引导视线、增添气氛、交代环境、形成虚实对比、形成框架和丰富画面等。

7.2.3　中心构图更突出主体

中心构图又可以称为中央构图，简而言之，即将视频主体置于画面正中间进行取景。中心构图最大的优点在于主体非常突出、明确，而且画面可以达到上下左右平衡的效果，更容易抓人眼球。

拍摄中心构图的视频非常简单，只需将主体放置在视频画面的中心位置上即可，而且不受横竖构图的限制，如图 7-16 所示。

图 7-16　中心构图的操作示意图

拍摄中心构图效果的相关技巧如下。

（1）选择简洁的背景。在使用中心构图时，尽量选择背景简洁的场景，或者主体与背景的反差比较大的场景，这样能够更好地突出主体，示例如图 7–17 所示。

图 7–17 选择简洁的背景构图示例

（2）制造趣味中心点。中心构图的主要缺点在于效果比较呆板，因此在拍摄时可以运用光影角度、虚实对比、人物肢体动作、线条韵律以及黑白处理等方法来制造一个趣味中心点，让视频画面更加吸引眼球。

专家提醒：中心构图看上去非常简单，其实也需要注意一些细节，如选择简洁的背景或者利用对比来衬托画面主体，必要时可以与正方形构图搭配，效果会更好。

7.2.4 三分线构图更具美感

三分线构图是指将画面在横向或纵向上分为三部分，在拍摄短视频时，将被拍摄对象或焦点放在三分线的某一位置上进行构图取景，让被拍摄对象更加突出、画面更加美观。

三分线构图的拍摄方法十分简单，只需将视频拍摄主体放置在拍摄画面的横向或者竖向的三分之一处即可。

在如图 7–18 所示的视频画面中，其上三分之一为天空，下三分之二为山景与水景，天空为上三分线构图，山景与水景构成下三分线，整体画面协调，水光一色，给人舒适之感。

图 7-18　三分线构图拍摄的视频画面

九宫格构图又叫井字形构图，是三分线构图的综合运用形式，是指用横竖各两条直线将画面等分为 9 个空间，不仅可以让画面更加符合人眼的视觉习惯，而且还能突出主体、均衡画面。

在使用九宫格构图时，不仅可以将主体放在 4 个交叉点上，也可以将其放在 9 个空格内，可以使主体非常自然地成为画面的视觉中心。在拍摄短视频时，拍摄者可以将手机内置的九宫格构图辅助线打开，以便更好地对画面中的主体元素进行定位或保持线条的水平。

在如图 7-19 所示的视频画面中，将白鹭与其形成的倒影安排在九宫格中心，白鹭挥翅的画面与水面的倒影相互映衬，呈现出和谐、静谧的画面美感。

图 7-19　九宫格构图拍摄的视频画面

专家提醒：要学好构图，需要注意两点：一要细致观察被拍摄对象，挖掘它们的特色和亮点；二要留心学习各类构图技法，在拍摄时找到最匹配对象的构图技法。关于摄影构图技巧，有一本书讲得比较透彻，即《摄影构图从入门到精通》，能够从中学到更多构图技巧，从而提升你在拍摄短视频时的构图取景水平。

7.2.5 框式构图借景出效果

框式构图又叫框架式构图、窗式构图或隧道构图。框式构图的特征是借助某个框式图形来取景，而这个框式图形可以是规则的，也可以是不规则的；可以是方形的，也可以是圆形的，甚至可以是多边形的。

框式构图的重点是利用主体周边的物体构成一个边框，可以起到突出主体的效果。其主要是通过门窗等作为前景形成框架，透过门窗框的范围引导观众的视线至被拍摄对象上，使得视频画面的层次感得到增强，同时具有更多的趣味性，形成独特的画面效果。

想要拍摄框式构图的视频画面，就需要寻找能够作为框架的物体，这就需要拍摄者在日常生活中多仔细观察，留心身边的事物。图 7-20 所示的视频画面是借助房屋的拱形窗户形成的框架进行构图的，突出屋外的风光，且窗户的颜色与屋外的风景颜色不一，形成明显的反差，使得整体画面更具美感。

图 7-20　框式构图拍摄的视频画面

专家提醒：框式构图其实还有一层更高级的用法，那就是逆向思维，通过被拍摄对象来突出框架本身的美，这里是指将被拍摄对象作为陪体，将框架作为主体。

7.2.6 引导线构图夺人眼球

引导线可以是直线（水平线或垂直线），也可以是斜线、对角线或者曲线，通过这些线条来“引导”观众的目光，吸引他们的兴趣。引导线构图的主要作用如图 7-21 所示。

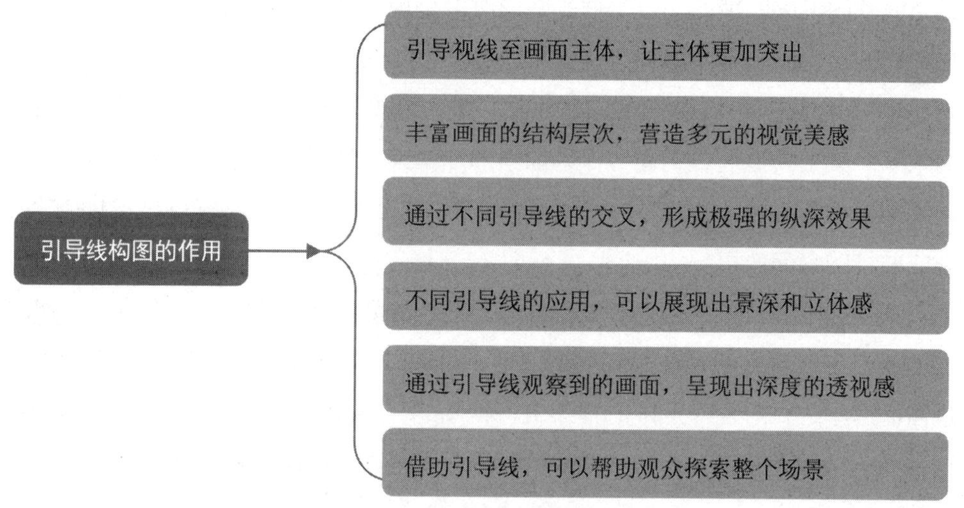

图 7-21　引导线构图的作用

生活场景中的引导线有道路、建筑物、桥梁、山脉、强烈的光影以及地平线等。在很多短视频的拍摄场景中，都会包含各种形式的线条，因此拍摄者要善于找到这些线条，使用它们来增强你的视频画面冲击力。

专家提醒：对角线是一种比斜线更规范的构图形式，它强调的是在画面的对角上形成一条直线，可以使画面更具有方向感。

7.2.7 对称式构图均衡画面

对称式构图是指画面中心有一条线把画面分为对称的两份，可以是画面上下对称（水平对称），也可以是画面左右对称（垂直对称），或者围绕一个中心点实现画面的径向对称，这种对称画面会给人带来一种平衡、稳定与和谐的视觉感受。

在如图 7-22 所示的视频画面中，借助桥的构造，以马路中心为垂直对称轴，画面左右两侧的建筑和灯光基本一致，形成左右对称构图，让视频画面的布局更为均衡。

图 7-22　左右对称构图拍摄的视频画面

7.2.8　对比构图刻画印象深

对比构图的含义很简单，就是通过不同形式的对比，如大小对比、远近对比、虚实对比、明暗对比、颜色对比、质感对比、形状对比、动静对比、方向对比等，强化画面的构图，从而使画面产生不一样的视觉效果。

对比构图的意义有两点：一是通过对比产生区别，强化主体；二是通过对比来衬托主体，起辅助作用。对比反差强烈的短视频作品能够给观众留下深刻的印象。

图 7-23 所示为使用明暗对比构图拍摄的夜景视频效果。明暗对比指的是两种不同亮度的物体同时存在于视频画面之中，给观众带来强烈的视觉冲击，且更具有视频美感。

图 7-23　明暗对比构图拍摄的夜景视频效果

7.3 打光：增添短视频的视觉冲击感

虽然短视频的拍摄门槛不高，但是优质的短视频大多不是轻易就可以拍出来的，除了构图外，打光也是非常重要的一环，光线处理得好，你才能拍出优秀的短视频作品。摄影可以说就是光的艺术表现，如果想要拍到好作品，就必须把握住最佳影调，抓住瞬息万变的光线。

7.3.1 控制画面影调

从光线的质感和强度上来区分，画面影调可以分为粗犷、柔和、细腻，以及高调、中间调、低调等。对于拍摄短视频来说，影调的控制也是相当重要的，不同的影调可以给人带来不同的视觉感受，是短视频拍摄时常用的情绪表达方式。

（1）粗犷的画面影调的主要特点为：明暗过渡非常强烈，画面中的中灰色部分面积比较小，基本上不是亮部就是暗部，反差非常大，可以形成强烈的对比，画面视觉冲击力强。

（2）柔和的画面影调的主要特点为：在拍摄场景中几乎没有明显的光线，明暗反差非常小，被拍摄对象也没有明显的暗部和亮部，画面比较朦胧，给人的视觉感受非常舒服，如图 7-24 所示。

图 7-24　柔和的画面影调拍摄效果

（3）细腻的画面影调的主要特点为：画面中的灰色占主导地位，明暗层次感不强，但比柔和的画面影调要稍好一些，而且也兼具了柔和的特点。通常要拍出细腻的画面影调，可以采用顺光、散射光等光线。

（4）高调画面光影的主要特点为：画面中以亮调为主导，暗调占据的面积非常小，或者几乎没有暗调，色彩主要为白色、亮度高的浅色以及中等亮度的颜色，画面看上去很明亮、柔和，如图 7-25 所示。

图 7-25　高调画面光影拍摄效果

（5）中间调画面光影的主要特点为：画面的明暗层次、感情色彩等都非常丰富，细节把握也很好，不过其基调并不明显，可以用来展现独特的影调魅力，能够很好地体现主体的细节特征。

（6）低调画面光影的主要特点为：暗调为画面的主体影调，受光面积非常小，色彩主要为黑色、低亮度的深色以及中等亮度的颜色，在画面中留下大面积的阴影部分，呈现出深沉、黑暗的画面风格，通常会给观众带来深邃、凝重的视觉效果，如图 7-26 所示。

图 7-26　低调画面光影拍摄效果

7.3.2 利用多种光源

不管是阴天、晴天、白天、黑夜，都会存在光影效果，拍视频要有光，更要用好光。下面介绍三种不同类型的光源，即自然光、人造光、现场光的相关知识，让大家认识这三种常见的光源，学习运用这些光源来让短视频的画面色彩更加丰富。

1. 自然光

自然光，显而易见就是指大自然中的光线，通常来自太阳的照射，是一种热发光类型。自然光的优点在于光线比较均匀，而且照射面积非常大，通常不会产生有明显对比的阴影。自然光的缺点在于光线的质感和强度不够稳定，会受到光照角度和天气因素的影响。

2. 人造光

人造光主要是指利用各种灯光设备产生的光线效果，比较常见的光源类型有白炽灯、日光灯、节能灯以及 LED 灯（Light-Emitting Diode，发光二极管）等。人造光的主要优势在于可以控制光源的强弱和照射角度，从而完成一些特殊的拍摄要求，增强画面的视觉冲击力。

3. 现场光

现场光主要是利用拍摄现场中存在的各种已有光源来拍摄短视频的，如路灯、建筑外围的灯光、舞台氛围灯、室内现场灯以及大型烟花晚会的光线等。这种光线可以更好地传递场景中的情调，而且真实感很强，示例如图 7-27 所示。

图 7-27 现场光拍摄效果示例

需要注意的是，拍摄者在拍摄时需要尽可能地找到高质量的光源，避免画面模糊。光线是可以被利用的，当自然光不能被有效利用时，可以尝试使用人造光源或现场光源，也是一种十分有效的拍摄方法。

7.3.3 灵活运用反光板

在室外拍摄人像类短视频时，很多人会优先考虑背景，其实光线才是首要因素，如果没有一个好的光线照到人物脸上，那么再好的背景也是没用的。而控制光线可以使用反光板。反光板的反光面通常采用优质的专业反光材料制作而成，反光效果均匀。骨架则采用高强度的弹性尼龙材料，轻便耐用，可以轻松折叠收纳。

银色反光板的表面明亮且光滑，可以产生更为明亮的光，很容易映现到人物的眼睛里，从而拍出大而明亮的眼神光效果。在阴天或者顶光环境下，可以直接将银色反光板放在人脸下方，让它刚好位于镜头的视场之外，从而将顶光反射到人物脸上。

与银色反光板的冷调光线不同的是，金色反光板产生的光线偏暖色调，通常可以作为主光使用。在明亮的自然光下逆光拍摄人物时，可以将金色反光板放在人物侧面或正面稍高的位置，将光线反射到人物脸上，不仅可以形成定向光线效果，而且还可以防止背景出现曝光过度的情况。

7.3.4 巧借不同方向的光

不同方向的光，有顺光、侧光、前侧光、逆光、顶光和底光，拍摄者可以灵活地借用不同方向的光。其中，顺光是指照射在被拍摄对象正面的光线，光源的照射方向和手机的拍摄方向基本相同，其主要特点是受光非常均匀，画面比较通透，不会产生非常明显的阴影，而且色彩非常真实、亮丽，拍摄效果如图 7-28 所示。

侧光是指光源的照射方向与手机拍摄方向呈 90° 左右的直角状态，因此被拍摄对象受光源照射的一面非常明亮，而另一面则比较阴暗，画面的明暗层次感非常分明，可以体现出一定的立体感和空间感。

前侧光是指从被拍摄对象的前侧方照射过来的光线，同时光源的照射方向与手机的拍摄方向形成 45° 左右的水平角度，画面的明暗反差适中，立体感和层次感都很不错，如图 7-29 所示。

图 7-28　顺光拍摄效果

图 7-29　前侧光拍摄效果

逆光是指从被拍摄对象的后面正对着镜头照射过来的光线，可以产生明显的剪影效果，从而展现出被拍摄对象的轮廓线条，如图 7-30 所示。

图 7-30　逆光拍摄效果

顶光是指从被拍摄对象顶部垂直照射下来的光线，与手机的拍摄方向形成90°左右的垂直角度，主体下方会留下比较明显的阴影，往往可以体现出立体感，同时可以体现出分明的上下层次关系。

底光是指从被拍摄对象底部照射过来的光线，也可以称为脚光，通常为人造光源，容易形成阴森、恐怖、刻板的视觉效果。

7.3.5 恰当选择拍摄时机

在户外拍摄短视频时，自然光线是必备元素，因此我们需要花一些时间去等待拍摄时机，抓住“黄金时刻”来拍摄。同时，我们还需要具备极强的应变能力，快速做出合理的判断。当然，具体的拍摄时间要“因地而异”，没有绝对的说法，在任何时间点都能拍出优质的短视频，关键在于拍摄者对光线的理解和对时机的把握。

很多时候，光线的“黄金时刻”就那么一两秒，我们需要在短时间内迅速构图并调整机位进行拍摄。因此，在拍摄短视频之前，如果你的时间比较充足，则可以事先踩点确定拍摄机位，这样在“黄金时刻”到来时，不至于手忙脚乱。

在通常情况下，日出后的一小时和日落前的一小时是拍摄绝大多数短视频场景的“黄金时刻”，此时的太阳位置较低，光线非常柔和，能够表现出丰富的画面色彩，而且画面中会形成阴影，更有层次感，如图 7-31 所示。

图 7-31 日落前的“黄金时刻”拍摄效果

> 专家提醒：好的光线条件对于短视频主题的表现和气氛的烘托至关重要，因此我们要善于在拍摄时等待和捕捉光线，让画面中的光线更有意境。

7.3.6 人像类短视频布光技巧

我们如今所说的光线，大多可以分为自然光与人造光。如果这个世界没有光线，就会呈现出一片黑暗的景象。所以，光线对于短视频拍摄来说至关重要，也决定着短视频的清晰度。

对于人像类短视频来说，合理的布光可以增强画面的层次感，同时还可以更好地强调故事性，吸引观众的目光和引起他们思考，去品味短视频主题中的内涵。

在拍摄人像类短视频时，我们可以借助不同的光线类型和角度，描述人物的形象特点。当然，前提条件是你必须足够了解光线，同时能够善于使用光线来进行短视频的创作。此外，我们还需要通过布光来塑造光型，即用不同方向的光源让人物形象形成一定的造型效果，具体方法如下。

（1）正光型：布光主要以顺光为主，是指照射在人物正面的光线，其主要特点是受光非常均匀，画面比较通透，不会产生非常明显的阴影，而且色彩非常亮丽。顺光可以让人物的整个脸部非常明亮，且人物的线条更显流畅与美感。图 7–32 所示为采用正光型拍摄的人像类短视频画面。

图 7–32　采用正光型拍摄的人像类短视频画面

（2）侧光型：布光主要以正侧光、前侧光和大角度的侧逆光（画面中看不到光源）为主，光源位于人物的左侧或右侧，受光源照射的一面非常明亮，而另一面则比较阴暗，画面的明暗层次感非常分明，可以体现出一定的立体感和空间感。

（3）逆光型：多采用逆光或侧逆光拍摄，可以产生明显的剪影效果，从而展现出人物的轮廓，表现力非常强。在逆光状态下，如果光源向左右稍微偏移，就会形成小角度的侧逆光（画面中能够看到光源），同样可以体现人物的轮廓。

（4）显宽光：采用“侧光＋反光板”的布光方式，同时让人物脸部的受光面向镜头转过来，这样脸部会显得比较宽阔，通常用于拍摄高调或中间调人像，适合瘦弱的人物使用。

（5）显瘦光：采用“前侧光＋反光板”的布光方式，同时让人物脸部的背光面向镜头转过来，这样在人脸部分的阴影面积会更大，从而显得脸部更小，如图 7-33 所示。

图 7-33 采用显瘦光拍摄的人像类短视频画面

7.3.7 建筑类短视频布光技巧

在选择拍摄建筑类短视频的角度和机位高度时，拍摄者还需要观察光源的方向，不同的光源方向会带来不同的成像效果。我们可以寻找和利用建筑环境中的各种光线，在镜头画面中制造出光影感，让短视频的效果更加迷人。

拍摄建筑类短视频常用的光线有前侧光、逆光、顶光和夜晚的霓虹灯光等类型。图 7-34 所示为采用前侧光拍摄的建筑类短视频画面，建筑物背光面的一侧会产生阴影，能够突出建筑物的空间感和层次感。

逆光能够拍摄出建筑物的剪影，更好地展现其外形轮廓，突出建筑物的造型美感。顶光是指来自建筑物正上方的光线，能够为建筑主体提供均匀且充足的光线，反映出建筑主体的独特形态之美，示例如图 7-35 所示。

图 7-34　采用前侧光拍摄的建筑类短视频画面

图 7-35　采用顶光拍摄的建筑类短视频画面

在夜幕的衬托下，霓虹灯光可以很好地表现建筑物上的霓虹闪烁景象，让画面看起来更加绚丽。图 7-36 所示为借助霓虹灯光拍摄的建筑类短视频画面，能够更好地体现建筑物的造型美感。

图 7-36　借助霓虹灯光拍摄的建筑类短视频画面

第8章 后期剪辑帮助短视频更为优化

如今，短视频的剪辑工具越来越多，功能也越来越强大。其中，剪映 App 是抖音推出的一款视频剪辑软件，不仅拥有全面的视频剪辑、音频剪辑和文字处理功能，还有丰富的曲库资源和视频素材资源。本章主要以剪映 App 为例，介绍短视频的后期剪辑技巧。

8.1 剪辑：弥补与优化短视频拍摄的不足

剪映 App 是一款功能非常全面的手机剪辑软件，能够让用户在手机上轻松完成短视频的剪辑工作。本节将介绍剪映 App 中一些常用的视频剪辑功能，帮助大家打好短视频剪辑的基础。

8.1.1 裁剪合适的视频尺寸

【效果展示】用户可以通过剪映 App 裁剪短视频的画面大小，裁掉多余的背景，从而实现拉近画面来突出主体的效果，如图 8-1 所示。

扫码看效果

图 8-1 效果展示

扫码看视频

下面介绍裁剪视频尺寸的具体操作方法。

▶▷ 步骤 1 在剪映 App 中导入一个视频素材，如图 8-2 所示。

▶▷ 步骤 2 选择视频素材，或者点击“剪辑”按钮，即可调出剪辑工具栏，如图 8-3 所示。

图 8-2 导入视频素材

图 8-3 选择视频素材

▶▷ 步骤 3 点击剪辑工具栏中的“编辑”按钮，如图 8-4 所示。

▶▷ 步骤 4 在编辑工具栏中，点击“裁剪”按钮，如图 8-5 所示。

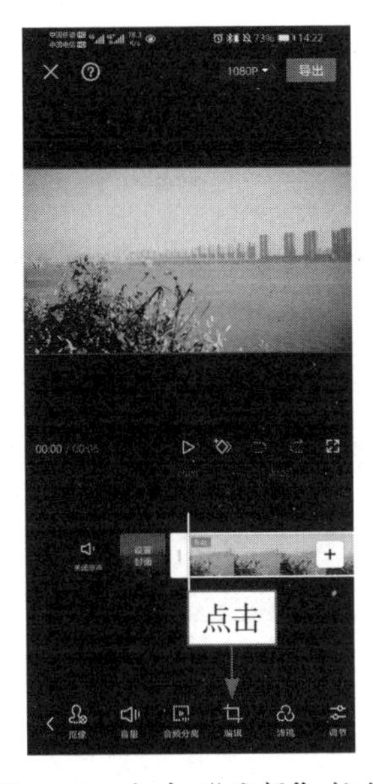

图 8-4 点击“编辑”按钮

图 8-5 点击“裁剪”按钮

▶▷ 步骤 5 进入“裁剪”界面，默认为“自由”裁剪模式，如图 8-6 所示。

▶▷ 步骤 6 拖动裁剪控制框，即可裁剪视频画面，如图 8-7 所示。拖动视频，可以调整画面的构图，点击✓按钮，即可应用裁剪操作。

图 8-6 进入“裁剪”界面

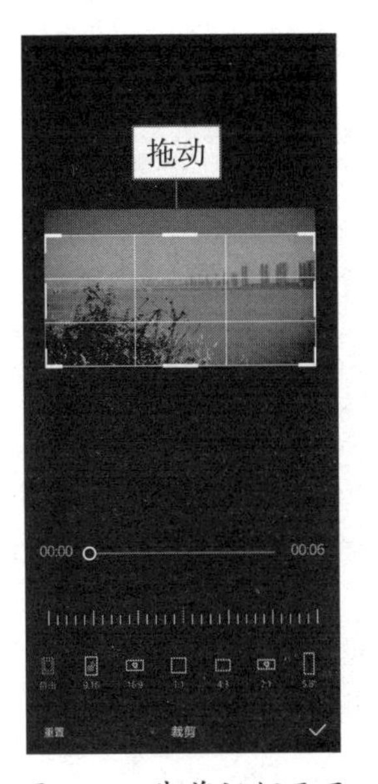

图 8-7 裁剪视频画面

8.1.2 调整视频素材的长度

【效果展示】使用剪映 App 可以对短视频快速进行分割、复制、删除等剪辑处理，剪出想要保留的精华视频片段，效果如图 8-8 所示。

扫码看效果

扫码看视频

图 8-8 效果展示

下面介绍分割视频素材的具体操作方法。

▶▷ 步骤 1 在剪映 App 中导入一个视频素材，点击“剪辑”按钮，如图 8-9 所示。

▶▷ 步骤 2 进入视频剪辑界面，拖动时间轴至需要分割的位置，如图 8-10 所示。

图 8-9 点击“剪辑”按钮

图 8-10 拖动时间轴

▶▷ 步骤 3 点击“分割”按钮，即可将视频分割为两个片段，如图 8-11 所示。

▶▷ 步骤 4 ❶选择分割出来的后半截视频片段；❷点击“删除”按钮，如图 8-12 所示，即可删除该视频片段。

图 8-11 分割视频

图 8-12 点击“删除”按钮

8.1.3 替换不合适的素材

扫码看效果

扫码看视频

【效果展示】使用剪映 App 中的“替换”素材功能，能够快速替换视频轨道中不合适的视频素材，效果如图 8-13 所示。

图 8-13 效果展示

下面介绍替换视频素材的具体操作方法。

▶▷ 步骤 1　在剪映 App 中导入相应的视频素材，如图 8-14 所示。

▶▷ 步骤 2　❶选择要替换的视频片段；❷点击“替换”按钮，如图 8-15 所示。

图 8-14　导入视频素材

图 8-15　点击“替换”按钮

▶▷ 步骤 3　进入手机相册，切换至“素材库”选项卡，在“片头”选项区中选择合适的动画素材，如图 8-16 所示。

▶▷ 步骤 4　预览片头效果，点击“确认”按钮，即可替换视频素材，如图 8-17 所示。

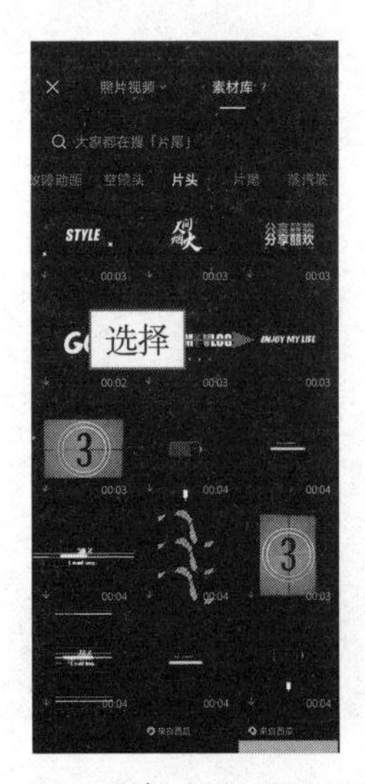

图 8-16　选择合适的动画素材

图 8-17　替换所选的素材

8.1.4 改变视频的播放速度

【效果展示】剪映 App 中的"变速"功能能够改变视频的播放速度，让画面更有动感，同时还可以模拟出"蒙太奇"的镜头效果，如图 8-18 所示。

扫码看效果

扫码看视频

图 8-18 效果展示

下面介绍视频变速处理的具体操作方法。

▶▷ 步骤 1 在剪映 App 中导入一个视频素材，点击"剪辑"按钮，如图 8-19 所示。

▶▷ 步骤 2 进入视频剪辑界面，点击"变速"按钮，如图 8-20 所示。

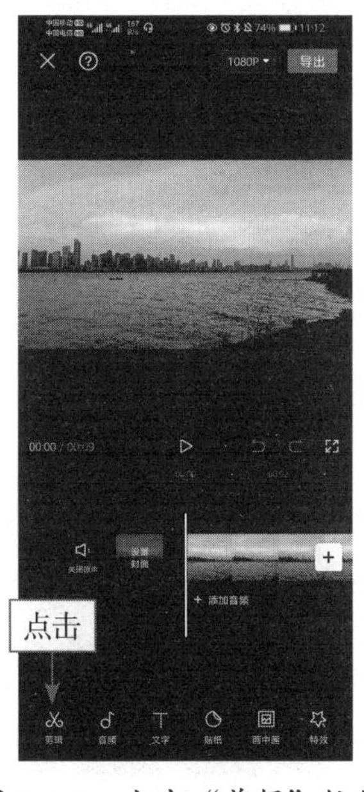

图 8-19 点击"剪辑"按钮

图 8-20 点击"变速"按钮

▶▷ 步骤 3 执行操作后，点击“常规变速”按钮，如图 8-21 所示。

▶▷ 步骤 4 拖动红色的圆环滑块，即可调整整段视频的播放速度，如图 8-22 所示。

图 8-21 点击“常规变速”按钮

图 8-22 调整整段视频的播放速度

▶▷ 步骤 5 点击“重置”按钮复原并返回上一步，在变速工具栏中点击“曲线变速”按钮进入其界面，选择“蒙太奇”选项，如图 8-23 所示。

▶▷ 步骤 6 点击“点击编辑”按钮，进入“蒙太奇”编辑界面，如图 8-24 所示，在此可以进一步调整变速点。

图 8-23 选择“蒙太奇”选项

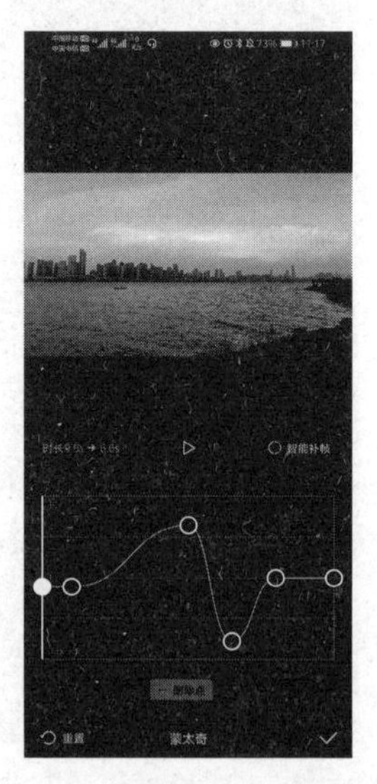

图 8-24 “蒙太奇”编辑界面

专家提醒：在“蒙太奇”编辑界面中，将时间轴拖动到需要进行变速处理的位置，点击[+添加点]按钮，即可添加一个新的变速点；将时间轴拖动到需要删除的变速点上，点击[-删除点]按钮，即可删除所选的变速点。用户可以根据背景音乐的节奏，适当添加、删除并调整变速点的位置。
变速功能在短视频中可以用作表现时间的变化或四季的更迭，如通过加速场景变化来表现“几年后”或“几个月后”；也可以用作呈现植物的生长过程，如用变速功能表现一棵小树苗长成参天大树。

8.1.5 对人物进行美化处理

【效果展示】在剪映 App 的剪辑工具栏中，用户可以使用“美颜美体”功能中的“智能美颜”功能，对短视频中的人物进行瘦身和小头等美化处理，让头身比例更完美，身材变得更娇小，效果如图 8-25 所示。

扫码看效果

扫码看视频

图 8-25　效果展示

下面介绍人物磨皮瘦脸的具体操作方法。

▶▷ 步骤 1　在剪映 App 中导入一个视频素材，点击“剪辑”按钮，如图 8-26 所示。

▶▷ 步骤 2　执行操作后，点击“美颜美体”按钮，如图 8-27 所示。

▶▷ 步骤 3　执行操作后，点击“智能美体”按钮进入其界面，❶选择“瘦身”选项；❷适当向右拖动滑块，使得人物的身材更加纤细，如图 8-28 所示。

▶▷ 步骤 4　❶选择“小头”选项；❷适当向右拖动滑块，使得人物的头身比例更加完美，如图 8-29 所示。

图 8-26　点击“剪辑”按钮

图 8-27　点击“美颜美体”按钮

图 8-28　调整“瘦身”选项

图 8-29　调整“小头”选项

8.2　音频：音乐搭配画面提升短视频效果

音频是短视频中非常重要的元素，选择合适的背景音乐或者语音旁白，能够让你的作品呈现出更好的视听效果。本节将介绍短视频的音频剪辑和处理技巧，包括加入背景音乐、增加视频音效、设置音频淡化等。

8.2.1　加入背景音乐

【效果展示】剪映 App 具有非常丰富的背景音乐曲库，而且进行了十分细致的分类，用户可以根据自己的短视频内容或主题快速选择合适的背景音乐，效果如图 8-30 所示。

扫码看效果

扫码看视频

图 8-30　效果展示

下面介绍添加背景音乐的具体操作方法。

▶▷ 步骤 1　在剪映 App 中导入一个视频素材，点击“关闭原声”按钮，如图 8-31 所示，即可将原声关闭。

▶▷ 步骤 2　执行操作后，点击“音频”按钮，如图 8-32 所示。

图 8-31　将原声关闭

图 8-32　点击“音频”按钮

▶▷ 步骤 3 执行操作后，点击“音乐”按钮，如图 8-33 所示。

▶▷ 步骤 4 选择相应的音乐类型，如“纯音乐”，如图 8-34 所示。

图 8-33 点击“音乐”按钮

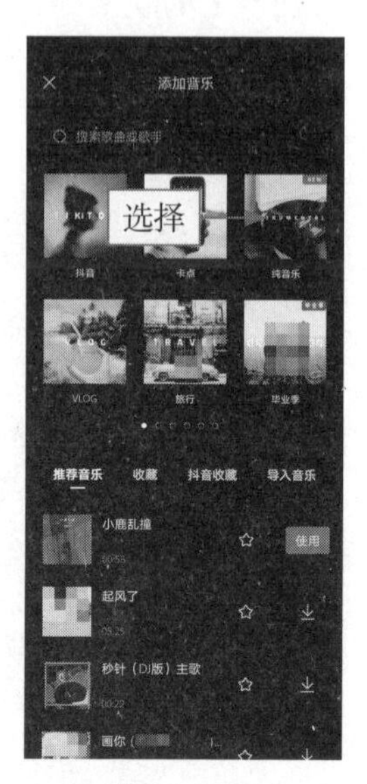

图 8-34 选择“纯音乐”类型

▶▷ 步骤 5 在“纯音乐”列表中选择合适的背景音乐进行试听，如图 8-35 所示。

▶▷ 步骤 6 点击“使用”按钮，即可将其添加到音频轨道中，如图 8-36 所示。

图 8-35 选择合适的背景音乐

图 8-36 添加背景音乐

▶▷ 步骤 7 ❶选择音频素材；❷将时间轴拖动至视频轨道的结束位置；❸点击“分割”按钮，如图 8-37 所示。

▶▷ 步骤 8 ❶选择分割后多余的音频片段；❷点击“删除”按钮，如图 8-38 所示。

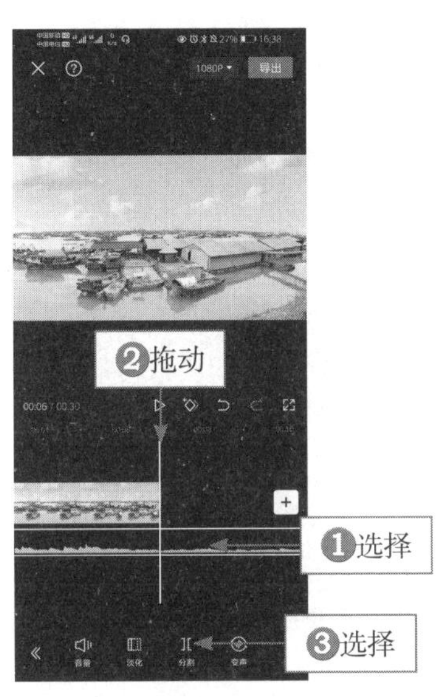

图 8-37 点击“分割”按钮

图 8-38 点击“删除”按钮

8.2.2 增加视频音效

【效果展示】剪映 App 中提供了很多有趣的音效，用户可以根据短视频的情境来增加音效，从而让视频画面更有感染力，效果如图 8-39 所示。

扫码看效果

扫码看视频

图 8-39 效果展示

下面介绍添加视频音效的具体操作方法。

▶▷ 步骤 1 在剪映 App 中导入一个视频素材，点击“音频”按钮，如图 8-40 所示。

▶▷ 步骤 2 执行操作后，点击“音效”按钮，如图 8-41 所示。

图 8-40 点击“音频”按钮

图 8-41 点击“音效”按钮

▶▷ 步骤 3 ❶切换至“生活”选项卡；❷选择“Clock second hand”音效，即可进行试听，如图 8-42 所示。

▶▷ 步骤 4 点击“使用”按钮，即可将其添加到音效轨道中，并剪掉多余的音效，使音效素材与视频素材的时间长度一致，如图 8-43 所示。

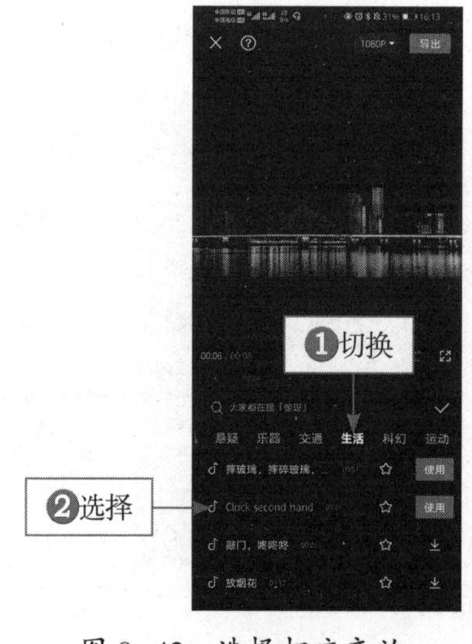

图 8-42 选择相应音效

图 8-43 剪辑音效

8.2.3 设置音频淡化

【效果展示】剪映 App 中的“淡化”功能包括“淡入”和“淡出”两个选项：“淡入”是指当背景音乐开始响起的时候，声音会缓缓变大；“淡出”则是指当背景音乐即将结束的时候，声音会渐渐消失。在设置音频淡化效果后，可以让短视频的背景音乐显得不那么突兀，给观众带来更加舒适的视听感，效果如图 8-44 所示。

扫码看效果

扫码看视频

图 8-44　效果展示

下面介绍添加淡化效果的具体操作方法。

▶▷ 步骤 1　在剪映 App 中导入一个视频素材，❶选择视频素材；❷点击“音频分离”按钮，如图 8-45 所示。

▶▷ 步骤 2　执行操作后，即可将音频从视频中分离出来，并生成对应的音频轨道，❶选择音频素材；❷点击“淡化”按钮，如图 8-46 所示。

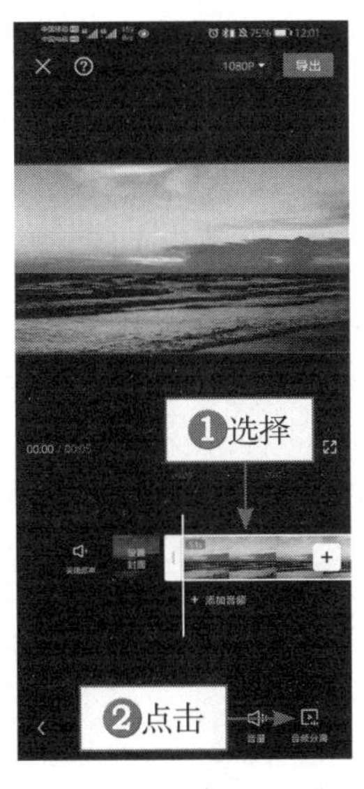

图 8-45　点击“音频分离”按钮

图 8-46　点击“淡化”按钮

▶▷ 步骤 3 进入“淡化”界面，设置“淡入时长”为 3s、“淡出时长”为 4s，如图 8-47 所示。

▶▷ 步骤 4 点击✓按钮完成处理，在音频素材上显示音频的前后音量都有所下降，如图 8-48 所示。

图 8-47 设置相应参数

图 8-48 显示前后音量下降

8.3 文字：视觉效果提高短视频的吸引力

在很多短视频中都添加了文字，或用于歌词，或用于语音解说，让观众在短短几秒内就能看懂更多的视频内容，同时还有助于观众记住短视频要表达的信息，吸引他们点赞和关注。本节将介绍在短视频中添加文字和识别歌词的相关技巧。

8.3.1 添加文字

【效果展示】剪映 App 中提供了多种文字样式，并且可以根据短视频主题的需要添加合适的文字样式，效果如图 8-49 所示。

扫码看效果

扫码看视频

图 8-49　效果展示

步骤 1　在剪映 App 中导入一个视频素材，点击“文字”按钮，如图 8-50 所示。

步骤 2　点击“新建文本”按钮，输入相应的文字内容，如图 8-51 所示。

图 8-50　点击“文字”按钮

图 8-51　输入文字

步骤 3　❶切换至“花字”选项卡；❷选择相应的花字样式；❸适当调整文字的位置，如图 8-52 所示。

步骤 4　适当调整文字素材的持续时间，使其与视频素材相同，如图 8-53 所示。

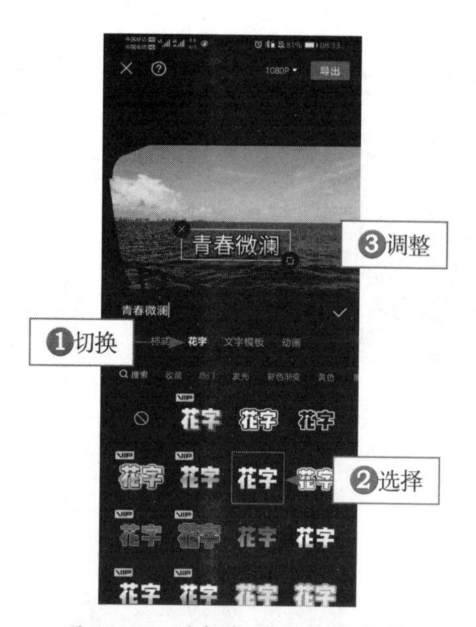

图 8-52　选择相应的花字样式

图 8-53　调整文字素材的持续时间

▶▷ 步骤 5　❶切换至“动画”选项卡；❷在“循环动画”选项区中选择“随机弹跳”动画效果；❸适当调整动画效果的快慢节奏，如图 8-54 所示。

▶▷ 步骤 6　点击✓按钮返回，即可添加循环动画效果，如图 8-55 所示。

图 8-54　调整动画效果的快慢节奏

图 8-55　添加循环动画效果

8.3.2　识别歌词

【效果展示】如果短视频中带有语音旁白或背景音乐，则可以利用剪映App中的“识别字幕”或“识别歌词”功能，快速识别短视频中的背景声音或歌词内容，并同步添加字幕效果，如图8-56所示。

扫码看效果

扫码看视频

图8-56　效果展示

下面介绍识别歌词的具体操作方法。

▶▷ 步骤1　在剪映App中导入一个视频素材，点击“文字”按钮，进入文字编辑界面后，点击“识别歌词”按钮，如图8-57所示。

▶▷ 步骤2　弹出“识别歌词”对话框，点击“开始匹配”按钮，如图8-58所示。

图8-57　点击“识别歌词”按钮

图8-58　点击“开始匹配”按钮

▶▷ 步骤 3 执行操作后，即可开始识别视频背景音乐中的歌词内容，并自动生成对应的歌词轨道，如图 8-59 所示。选择歌词素材，点击“编辑”按钮，切换至“动画”选项卡。

▶▷ 步骤 4 在“入场动画”选项区中，❶选择“羽化向右擦开”动画效果；❷将动画时长调整为最长，如图 8-60 所示。使用同样的操作方法，为其他的歌词添加动画效果。

图 8-59 生成歌词轨道

图 8-60 设置歌词动画效果

第9章 调色特效加持使短视频更为美观

在短视频平台上，我们经常可以看到很多非常有创意的特效画面，不仅色彩丰富、吸睛，而且画面炫酷、神奇。这些特别的画面通过对短视频进行调色、特效处理和抠像得以实现，经过处理的短视频也将更贴近用户的需求。

9.1 调色：调和短视频的比例柔美度

在后期对短视频的色彩进行处理时，不仅要突出画面主体，还需要表现出适合主题的艺术气息，实现完美的色调视觉效果。

9.1.1 视频调色

【效果展示】本实例主要运用剪映 App 中的“调节”功能，对原视频素材的色彩和影调进行适当调整，让画面效果变得更加夺目，效果如图 9-1 所示。

扫码看效果

扫码看效果

扫码看视频

图 9-1 效果展示

下面介绍基本调色处理的具体操作方法。

步骤 1 在剪映 App 中导入一个视频素材，❶选择视频素材；❷点击“调节”按钮，如图 9-2 所示。

步骤 2 执行操作后，进入“调节”界面，❶选择“亮度”选项；❷拖动滑块，将其参数调至 10，增加视频画面的亮度，如图 9-3 所示。

图 9-2 点击“调节”按钮

图 9-3 调节“亮度”参数

▶▷ 步骤 3 ❶选择“对比度”选项；❷拖动滑块，将其参数调至 19，增加视频画面的层次感，如图 9-4 所示。

▶▷ 步骤 4 ❶选择“饱和度”选项；❷拖动滑块，将其参数调至 10，增加视频画面的色彩浓度，如图 9-5 所示。

图 9-4 调节“对比度”参数

图 9-5 调节“饱和度”参数

▶▷ 步骤 5 ❶选择“光感”选项；❷拖动滑块，将其参数调至 -10，适当降低视频画面的曝光，如图 9-6 所示。

▶▷ 步骤 6 ❶选择“色温”选项；❷拖动滑块，将其参数调至 -15，增强视频画面的冷色调效果，如图 9-7 所示。

图 9-6 调节“光感”参数

图 9-7 调节“色温”参数

9.1.2 添加滤镜

【效果展示】本实例主要运用剪映 App 中的“滤镜”功能，调出以藏青色和粉紫色为主色调的暮色风格，效果如图 9-8 所示。

扫码看效果

扫码看效果

扫码看视频

图 9-8 效果展示

下面介绍添加滤镜效果的具体操作方法。

▶▷ 步骤 1 在剪映 App 中导入一个视频素材，❶选择视频素材；❷点击“滤镜”按钮，如图 9-9 所示。

▶▷ 步骤 2 进入“滤镜”界面，❶切换至“风景”选项卡；❷选择“暮色”滤镜，如图 9-10 所示。

图 9-9 点击“滤镜”按钮

图 9-10 选择“暮色”滤镜

▶▷ 步骤 3 拖动滑块，设置滤镜的应用程度为 88，如图 9-11 所示。

▶▷ 步骤 4 确认后返回上一步，点击“调节”按钮进入其界面，分别设置“亮度”为 10、“对比度”为 10、“饱和度”为 7、“锐化”为 50，如图 9-12 所示。

图 9-11 设置滤镜的应用程度

图 9-12 设置“调节”参数

专家提醒：在制作调色类短视频时，可以将原视频效果和调色后的视频效果进行对比。这是比较常用的展现手法，通过对比能够让观众对调色效果一目了然。

9.2 特效：增添短视频的画面观赏度

一条火爆的短视频依靠的不仅仅是拍摄和剪辑，适当地添加一些特效能为短视频增添意想不到的效果。本节将介绍剪映 App 中自带的一些转场、特效、动画和关键帧等功能的使用方法，帮助大家制作出各种精彩的视频效果。

9.2.1 制作特效转场

【效果展示】本实例主要使用剪映 App 中的剪辑、“叠化”转场和“星河Ⅱ”特效等功能，制作出白昼瞬间转为夜空的效果，如图 9-13 所示。

扫码看效果

扫码看视频

图 9-13 效果展示

下面介绍制作特效转场效果的具体操作方法。

▶▷ 步骤 1 在剪映 App 中导入一个视频素材，选择视频素材，如图 9-14 所示。

▶▷ 步骤 2 将时间轴拖动至 3s 附近，对视频进行分割处理，如图 9-15 所示。

图 9-14 选择视频素材

图 9-15 分割视频 1

▶▷ 步骤 3 将时间轴拖动至 6s 附近，对视频进行分割处理，如图 9-16 所示。

▷▷ 步骤 4　❶选择分割出来的中间视频片段；❷点击“删除”按钮，如图 9-17 所示，删除该视频片段。

图 9-16　分割视频 2

图 9-17　点击“删除”按钮

▷▷ 步骤 5　返回主界面，点击两个视频片段中间的图标，如图 9-18 所示。

▷▷ 步骤 6　进入“转场”界面，❶在“基础”选项卡中选择“叠化”转场效果；❷设置转场时长为最长，如图 9-19 所示。

图 9-18　点击相应图标

图 9-19　设置“叠化”转场效果

▶▷ 步骤 7 返回主界面，❶将时间轴拖动至 1s 附近；❷点击“特效”按钮，如图 9-20 所示。

▶▷ 步骤 8 执行操作后，点击“画面特效”按钮，如图 9-21 所示。

图 9-20 点击“特效”按钮

图 9-21 点击“画面特效”按钮

▶▷ 步骤 9 ❶切换至“Bling”选项卡；❷选择“星河Ⅱ”特效，如图 9-22 所示。

▶▷ 步骤 10 应用特效后，适当调整“星河Ⅱ”特效的时长，如图 9-23 所示。

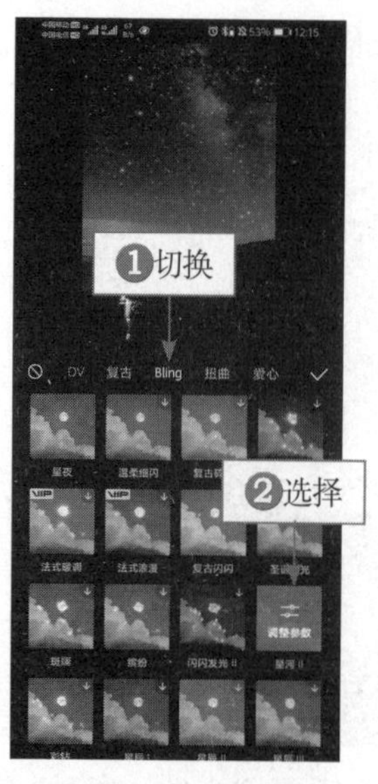

图 9-22 选择“星河Ⅱ”特效

图 9-23 调整“星河Ⅱ”特效的时长

9.2.2 制作动画卡点

【效果展示】本实例主要运用剪映 App 中的“踩点”和“动画”功能，根据音乐的鼓点节奏将多个素材剪辑成一条卡点短视频，同时加上动感的转场动画特效，让观众一看就喜欢，效果如图 9-24 所示。

扫码看效果

扫码看视频

图 9-24 效果展示

> 专家提醒：在添加卡点背景音乐时，可以直接利用剪映 App 中的“提取音乐”功能，从本实例的效果文件中提取背景音乐。

下面介绍制作动画卡点效果的具体操作方法。

▶▶ 步骤 1 在剪映 App 中导入一个视频素材和多张照片素材，如图 9-25 所示。

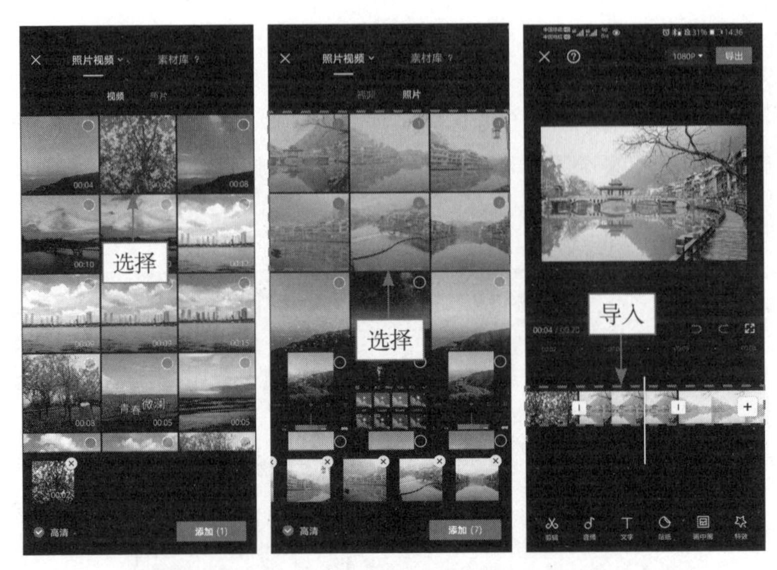

图 9-25 导入视频和照片素材

▶▷ 步骤 2 点击"音频"按钮，添加一首卡点背景音乐，如图 9-26 所示。

▶▷ 步骤 3 选择音频轨道，点击"踩点"按钮进入其界面，❶开启"自动踩点"功能；❷选择"踩节拍Ⅱ"选项，如图 9-27 所示，即可在背景音乐上添加黄色的节拍点。

图 9-26 添加卡点背景音乐

图 9-27 选择"踩节拍Ⅱ"选项

▶▷ 步骤 4 调整视频素材的长度，使其与相应的节拍点对齐，如图 9-28 所示。

▶▷ 步骤 5 ❶选择相应的照片素材，点击“动画”按钮进入其界面；❷点击“入场动画”按钮，如图 9-29 所示。

图 9-28 调整视频素材的长度

图 9-29 点击“入场动画”按钮

▶▷ 步骤 6 进入“入场动画”界面，选择“向上滑动”动画效果，如图 9-30 所示。

▶▷ 步骤 7 用同样的操作方法，❶将所有的照片素材与相应的节拍点对齐；❷添加“向上滑动”入场动画效果，如图 9-31 所示。

图 9-30 选择“向上滑动”动画效果

图 9-31 添加相应的入场动画效果

9.2.3 制作关键帧动画

【效果展示】照片也能呈现出电影大片的效果，只需为照片打上两个关键帧，就能让其变成一个动态的视频，效果如图 9-32 所示。

扫码看效果

扫码看视频

图 9-32　效果展示

下面介绍制作关键帧动画效果的具体操作方法。

▶▷ 步骤 1　在剪映 App 中导入一张全景照片，点击“比例”按钮，如图 9-33 所示。

▶▷ 步骤 2　执行操作后，选择“9:16”选项，如图 9-34 所示。

图 9-33　点击“比例”按钮

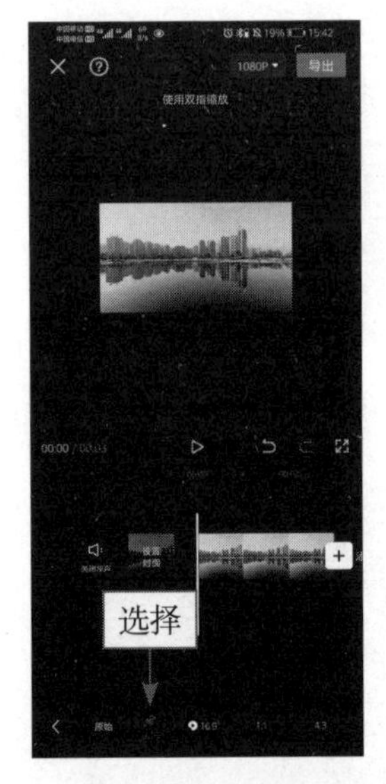

图 9-34　选择“9:16”选项

▶▷ 步骤 3　❶选择视频素材；❷用双指在预览区域放大视频画面并调整至合适位置，作为视频的片头画面，如图 9-35 所示。

▶▷ 步骤 4 拖动视频素材右侧的白色拉杆，适当调整视频素材的播放时长，如图 9-36 所示。

图 9-35 调整视频画面

图 9-36 调整播放时长

▶▷ 步骤 5 ❶拖动时间轴至视频素材的起始位置，点击◇按钮；❷添加一个关键帧，如图 9-37 所示。

▶▷ 步骤 6 ❶拖动时间轴至视频素材的结束位置；❷在预览区域调整视频画面至合适的位置，作为视频的结束画面；❸同时会自动生成关键帧，如图 9-38 所示。最后为短视频添加一个合适的背景音乐，导出成品效果。

图 9-37 添加关键帧

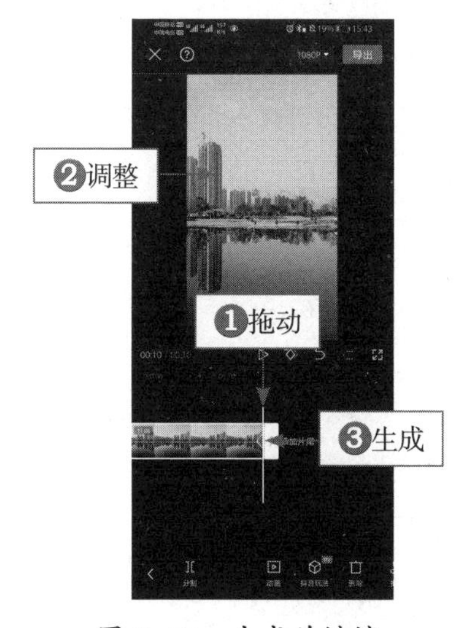

图 9-38 生成关键帧

9.3 抠像：融合创意形成短视频风格

在抖音上经常可以刷到各种既有趣又热门的创意合成视频，画面既炫酷又神奇，虽然看起来很难，但只要你掌握了本节介绍的这些技巧，相信你也能轻松制作出相同的视频效果。

9.3.1 蒙版合成

【效果展示】本实例主要使用剪映 App 中的“镜面”蒙版功能，制作人物分身画面效果，如图 9-39 所示。

扫码看效果

扫码看视频

图 9-39 效果展示

下面介绍蒙版合成处理的具体操作方法。

▶▷ 步骤 1 在剪映 App 中导入两个视频素材，预览视频效果，如图 9-40 所示。

▶▷ 步骤 2 ❶选择第二个视频素材；❷点击“切画中画”按钮，如图 9-41 所示。

▶▷ 步骤 3 ❶将画中画轨道中的视频调整为与主轨道对齐；❷点击“蒙版”按钮，如图 9-42 所示。

▶▷ 步骤 4 进入“蒙版”界面，❶选择“镜面”蒙版；❷适当调整蒙版的位置、角度和宽度，如图 9-43 所示。

图 9-40　导入视频素材

图 9-41　点击“切画中画”按钮

图 9-42　点击“蒙版”按钮

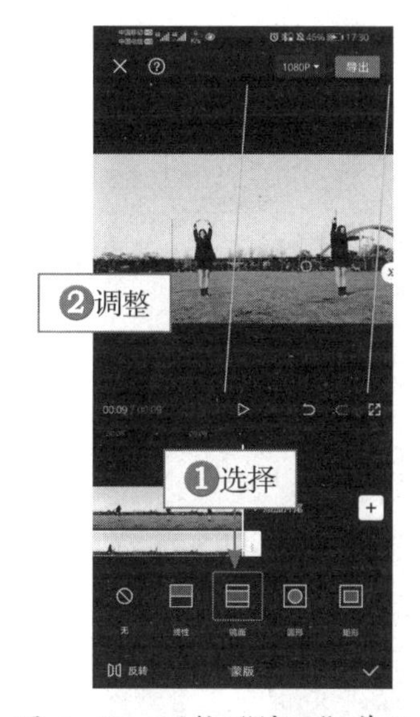

图 9-43　调整“镜面”蒙版

9.3.2　色度抠图

【效果展示】使用剪映 App 中的“色度抠图”功能可以抠出不需要的色彩，从而留下想要的视频画面。运用这个功能可以套用很多素材，比如“飞机驶过”这个素材，可以营造出更为丰富的视觉效果，如图 9-44 所示。

扫码看效果

扫码看视频

图 9-44　效果展示

下面介绍色度抠图处理的具体操作方法。

▶▷ 步骤 1　在剪映 App 中导入一个视频素材，点击“画中画”按钮，如图 9-45 所示。

▶▷ 步骤 2　点击“新增画中画”按钮，❶在画中画轨道中添加一个绿幕素材；❷将素材放大至全屏，如图 9-46 所示。

图 9-45　点击“画中画”按钮

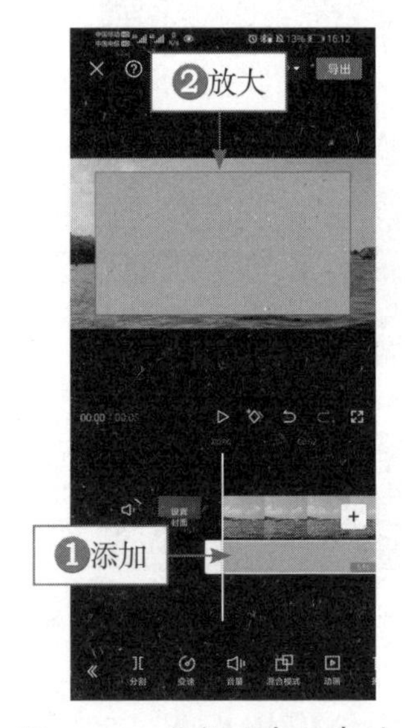

图 9-46　调整画中画素材

▶▷ 步骤 3　执行操作后，点击“色度抠图”按钮，如图 9-47 所示。

▶▷ 步骤 4　❶点击“取色器”按钮；❷拖动取色器，提取画面中的绿色，如图 9-48 所示。

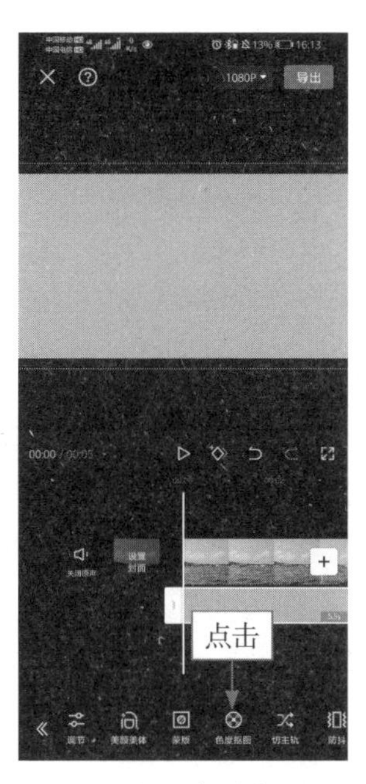

图 9-47　点击“色度抠图”按钮

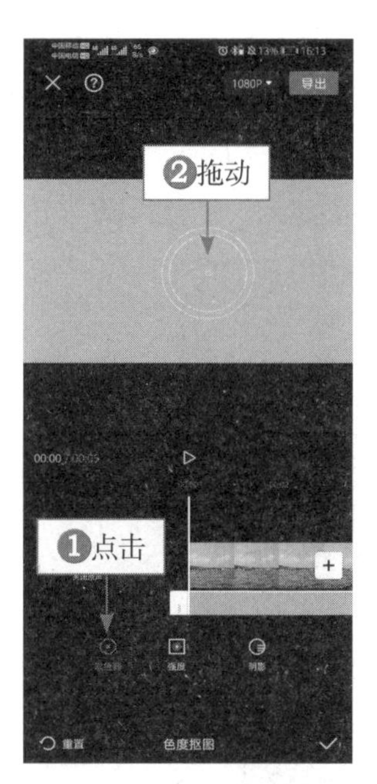

图 9-48　拖动取色器

▷▷ 步骤 5　在“色度抠图”界面中，分别选择“强度”和“阴影”选项，并将其参数设置为最大值，如图 9-49 所示。

图 9-49　设置“强度”和“阴影”参数

9.3.3 智能抠像

【效果展示】在本实例中添加翅膀特效素材时，会发现翅膀在人物前面，这时就需要运用“智能抠像”功能把人像抠出来，让人物在翅膀前面，这样整体效果也会显得更加自然，如图 9-50 所示。

扫码看效果

扫码看视频

图 9-50 效果展示

下面介绍智能抠像处理的具体操作方法。

步骤 1 在剪映 App 中导入一个视频素材，点击“画中画”按钮，如图 9-51 所示。

步骤 2 点击“新增画中画”按钮，在画中画轨道中添加一个翅膀素材，如图 9-52 所示。

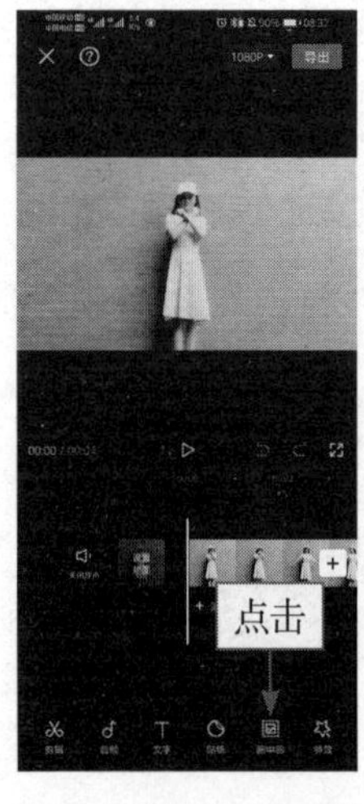

图 9-51 点击“画中画”按钮

图 9-52 添加画中画素材

▶▷ 步骤 3　点击“混合模式”按钮，选择“滤色”选项，如图 9-53 所示。

▶▷ 步骤 4　复制主轨道中的视频素材，❶选择第一个画中画素材，并将其位置与主轨道完全对齐；❷将翅膀素材调整至第二个画中画轨道中，如图 9-54 所示。

图 9-53　选择“滤色”选项

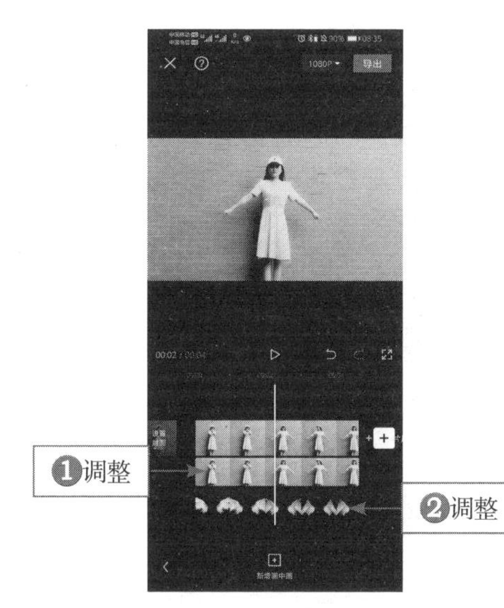

图 9-54　复制并调整素材

▶▷ 步骤 5　❶选择第一个画中画轨道；❷点击“抠像”按钮，如图 9-55 所示。

▶▷ 步骤 6　点击“智能抠像”按钮，即可抠出人物素材，如图 9-56 所示。

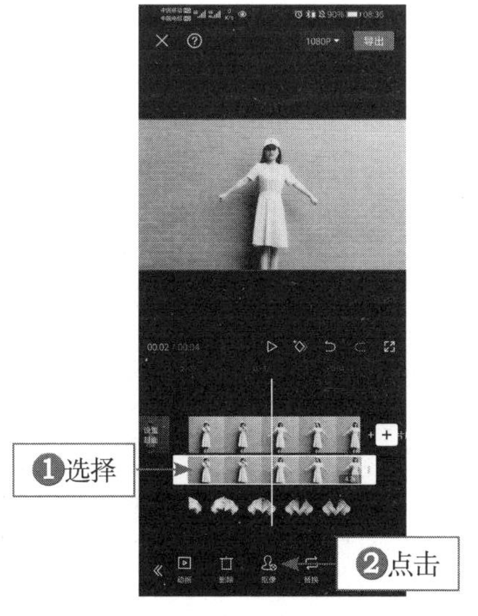

图 9-55　点击“抠像”按钮

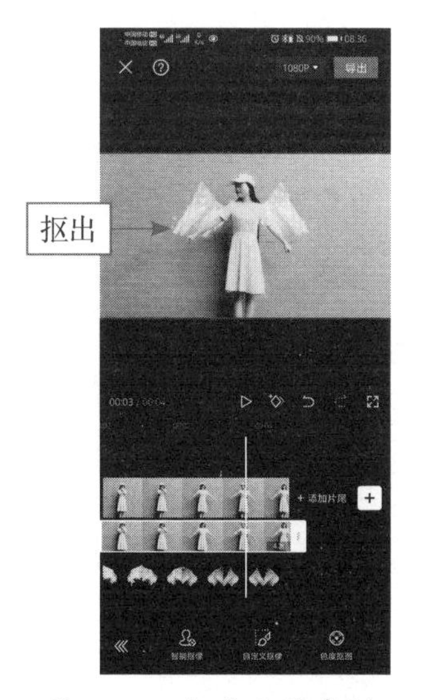

图 9-56　抠出人物素材

▶▷ 步骤 7 返回主界面，❶拖动时间轴至起始位置；❷点击“特效”按钮，如图 9-57 所示。

▶▷ 步骤 8 点击“画面特效”按钮，在“氛围”选项卡中选择“星火炸开”特效，添加该特效，如图 9-58 所示。

图 9-57 点击“特效”按钮

图 9-58 选择“星火炸开”特效

包装运营篇

第10章 包装账号 升级短视频运营价值

当运营者准备进入短视频平台，开始注册账号之前，首先一定要对自己的账号进行定位，以及对将要制作的内容进行定位，并根据这个定位来策划和拍摄短视频内容，这样才能快速形成独特、鲜明的人设标签。

10.1 定位：确定具有个性的短视频账号

账号定位是指运营者要做一个什么类型的短视频账号，通过这个账号获得什么样的粉丝群体，同时这个账号能为粉丝提供哪些价值。对于短视频账号来说，需要运营者从多个方面去考虑账号定位，不能只单纯地考虑自己，或者只打广告和卖货，而忽略了给粉丝带来的价值，这样很难长久地发展。

短视频账号定位的核心规则为：一个账号只专注于一个垂直细分领域，只定位一类粉丝人群，只分享一个类型的内容。本节将介绍短视频账号定位的相关方法和技巧，帮助大家做好账号定位的运营。

10.1.1 了解什么是账号定位

将定位的定义延伸至短视频的账号定位，可以概括为以下几个关键的问题，具体如图 10-1 所示。

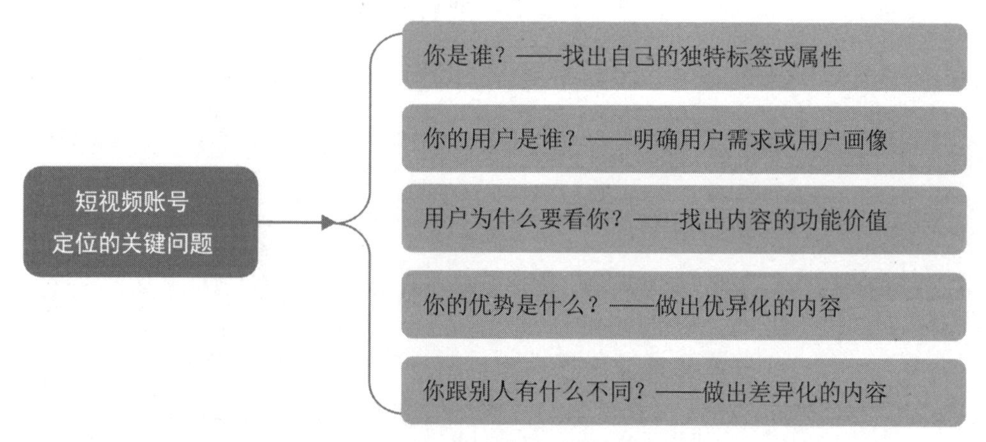

图 10-1 短视频账号定位的关键问题

以抖音为例，在该平台上不仅有数亿的用户量，而且每天更新的短视频数量也在百万条以上，那么，如何让自己发布的内容被大家看到和喜欢呢？关键在于做好账号定位。账号定位的作用在于直接决定了账号的涨粉速度和获利难度，同时也决定了账号的内容布局和引流效果。

短视频运营者在对抖音进行账号定位时，需要明晰上述关于定位的几个关键问题，以此来找到合适的定位。

10.1.2 账号定位的重要作用

运营者在准备注册短视频账号前，必须将账号定位放到第一位，只有明确了账号定位，之后的短视频运营道路才会走得更加顺畅。图 10-2 所示为将账号定位放到第一位的作用。

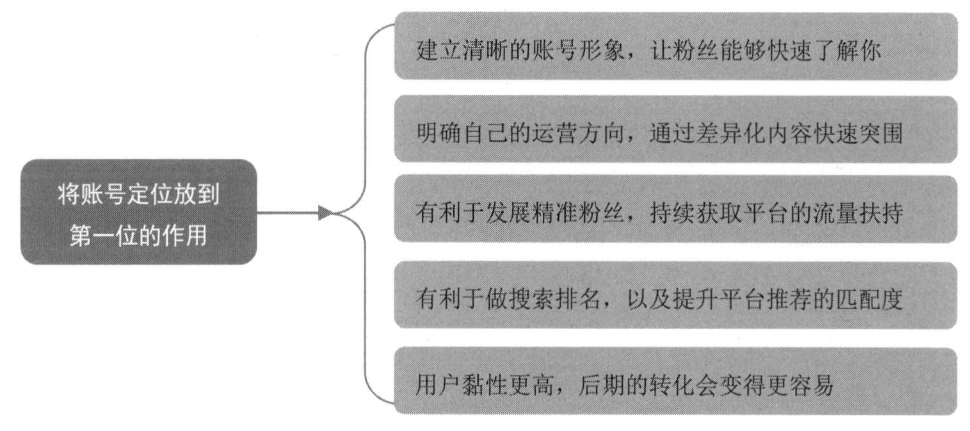

图 10-2　将账号定位放到第一位的作用

10.1.3 鲜明的个性账号标签

标签指的是短视频平台给运营者的账号进行分类的指标依据。平台会根据运营者发布的内容来给其账号打上对应的标签，然后将运营者的内容推荐给对这类标签作品感兴趣的人群。在这种个性化的流量机制下，不仅能够激发运营者的创作积极性，而且有助于增强用户的观看体验。

例如，在某个平台上有 100 人，其中有 50 人对旅行感兴趣，还有 50 人不喜欢旅行类的内容。如果你做的刚好是旅行类内容的账号，却没有做好账号定位，平台没有给你的账号打上“旅行”这个标签，那么系统会随机将你的内容推荐给平台上的所有人。在这种情况下，你的内容被用户点赞和关注的概率只有 50%，很容易由于点赞率过低而被系统认为内容不够优质，从而丧失获得流量的机会。

相反，如果你的账号被平台打上了“旅行”标签，那么系统将不再随机推荐流量，而会精准推荐给喜欢看旅行类内容的那 50 人。这样，你的内容获得的点赞和关注数据就会非常高，从而获得系统给予的更多的推荐流量，让更多人看到你的作品，并喜欢上你的内容，进而关注你的账号。

只有做好短视频的账号定位，才能在粉丝心中形成某种特定的印象，进而获得更多的流量。因此，对于短视频的运营者来说，账号定位相当重要。具体而言，运营者可以掌握如图 10-3 所示的几个技巧来进行账号定位。

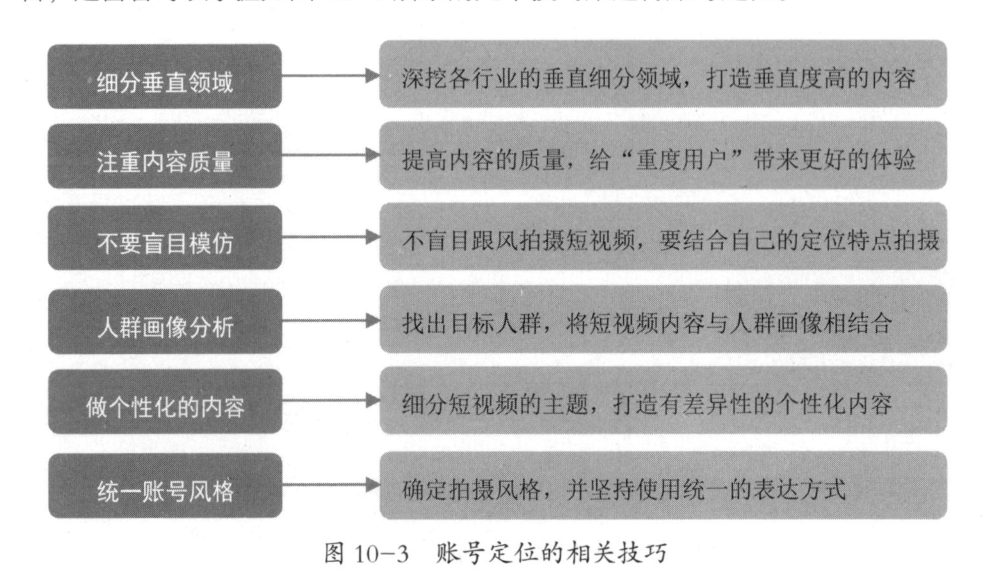

图 10-3 账号定位的相关技巧

专家提醒：以抖音平台为例，根据某些专业人士分析得出的结论，某个短视频作品连续获得系统的 8 次推荐后，该作品就会获得一个新的标签，从而得到更加长久的流量扶持。

10.1.4 账号定位的基本流程

或许有人创作短视频是出于“三分钟热度”，看着大家都去做也跟着去做，并没有详细地考虑过自己做这个账号的目的是涨粉还是获利。盲目跟风地创作短视频，并不利于短视频的长久获利。

运营者首先需要想清楚自己创作短视频的目的是什么，如引流涨粉、推广品牌、带货获利等。当运营者明确了创作短视频的目的后，即可开始进行账号定位，基本流程如下。

（1）分析行业数据：运营者在进入某个行业之前，先找出这个行业中的头部账号，向其学习。可以通过专业的行业数据分析工具，如蝉妈妈、新抖、飞瓜数据等，找出行业的最新玩法、热点内容、热门商品和创作方向。

（2）分析自身属性：一般来说，平台上头部账号的点赞数和粉丝量都会较高。他们通常拥有良好的形象、才艺和技能，令人难以模仿。因此，运营者需要从自己已有的条件和能力出发，找出自己擅长的领域，以保证内容的质量和更新频率。

（3）分析同类账号：运营者深入分析同类账号的短视频题材、脚本、标题、运镜、景别、构图、评论、拍摄和剪辑方法等方面，学习其优点，并找出不足之处或能够进行差异化创作的地方，以此来超越同类账号。

10.1.5 账号定位的基本方法

简而言之，短视频的账号定位就是为账号运营确定一个方向，为内容创作指明方向。那么，运营者到底该如何进行账号定位呢？具体来说，运营者可以从三个方面切入来进行账号定位，具体如图 10-4 所示。

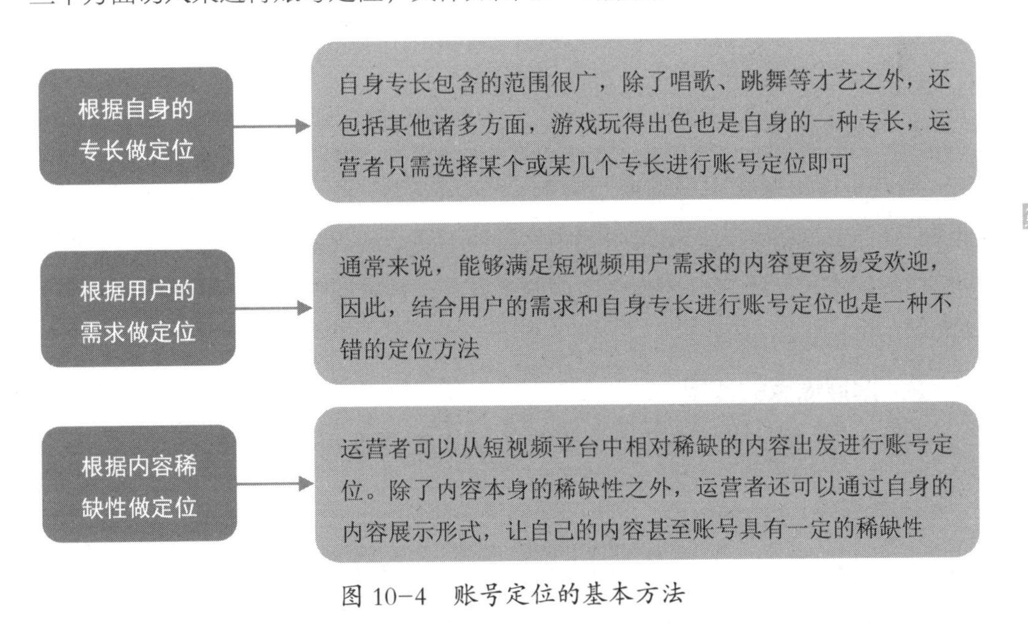

图 10-4 账号定位的基本方法

10.2 传递：不间断地输出短视频的价值

创作短视频，本质上还是以内容运营为重心的，那些能够快速涨粉和转化获利的短视频都是依靠优质的内容来实现的。

被视频内容吸引而来的粉丝都是对运营者分享的视频内容感兴趣的人群，这类人群更加精准、稳定。因此，内容是运营短视频的核心所在，同时也是账号获得平台流量的核心因素。

对于短视频运营来说，内容才是重点，而内容定位的关键就是用什么样的内容来吸引什么样的人群。本节将介绍短视频的内容定位技巧，帮助运营者找到一个特定的内容形式，实现短视频快速引流与获利。

10.2.1 内容吸引精准受众

在短视频平台上，运营者不能简单地模仿和跟拍热门视频，而必须找到能够带来精准受众的内容，从而帮助自己的视频获得更多的粉丝，这就是内容定位的要点。内容不仅可以直接决定账号的定位，而且还决定了账号的目标人群和获利能力。因此，在进行内容定位时，不仅要考虑引流涨粉的问题，同时还要考虑持续转化获利的问题。

具体来说，运营者在进行内容定位的过程中，可以从“精准受众有哪些痛点、需求和问题”这一方面入手，详细介绍如下。

1. 挖掘痛点

痛点是指短视频用户的核心需求，是运营者必须为他们解决的问题。通俗地讲，痛点其实就是人们日常生活中的各种不便。运营者要善于发现痛点，并帮助用户解决痛点。为了解短视频用户的痛点，运营者可以去做一些调研，结合具体的应用场景进行挖掘。

2. 挖掘痛点的作用

对于运营者而言，找到目标人群的痛点主要有两个方面的好处，具体如图 10-5 所示。

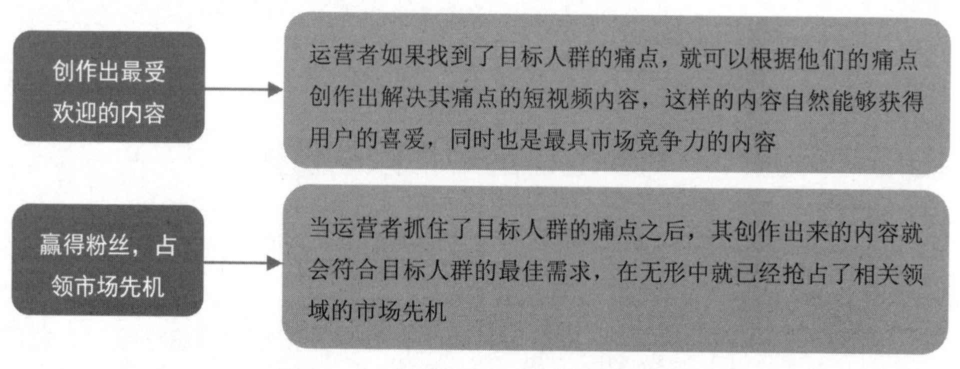

图 10-5　找到目标人群痛点的好处

对于短视频运营者来说，如果想要打造爆款内容，就需要清楚自己的粉丝群体最想看的内容是什么，即抓住目标人群的痛点，然后根据他们的痛点来生产内容。

3. 挖掘痛点的方式

调研与分析应用场景来实现对用户痛点的挖掘，是运营者可以采取的可靠方式。

10.2.2 根据用户需求进行创作

一般来说，大部分短视频用户会将关注点放在首要的需求上，运营者则可以从这一思路出发去寻找用户的需求，进而创作出自己的短视频内容。例如，运营者想要拍摄适合古风爱好者观看的视频，那么在创作视频内容时，便可以参考古风歌曲、古风服饰、古风发型、古诗词朗诵等方面，选择某一方向进行内容的创作。图 10-6 所示为以古风歌曲填词为内容的短视频示例。

图 10-6 以古风歌曲填词为内容的短视频示例

10.2.3 输出特色内容的技巧

在短视频平台上输出内容实则是比较容易的，但是要想输出有价值的内容，获得用户的认可，却有一定的难度。下面将介绍一些具体的方法来为运营者输出有价值的短视频内容提供指导。

1. 结合特长输出内容

运营者可以结合自己的优势或擅长领域来创作短视频的内容，如运营者擅长写作，便可以写文案；若运营者有音质方面的优势，则可以通过音频去输出内容；镜头感比较好的运营者，则可以去拍一些真人出镜的短视频内容。

2. 找准内容输出形式

在互联网时代，视频内容的输出形式非常多，如图文、音频、短视频、直播以及中长视频等，运营者可以结合自己的长处找准适合自己的输出形式。例如，有些短视频运营者适合图文制作，则可以将其特长融入短视频内容中，创作出图文并茂的短视频，如图 10-7 所示。

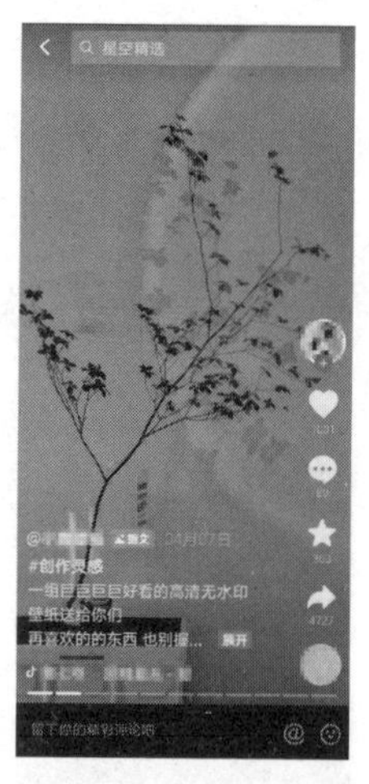

图 10-7　专注图文制作的短视频示例

又如，有些短视频运营者对音乐感兴趣，且擅长制作音频，其发布短视频内容的风格则为音频分享，如图 10-8 所示。

图 10-8　专注音频分享的短视频示例

总而言之，运营者要根据自己的特点去生产和输出内容，且要持续不断地输出内容。因为只有持续输出内容，才有可能建立自己的行业地位，成为所在领域的专家。

10.2.4 内容定位的一些标准

对于短视频运营者而言，定位内容最终是为用户服务的，要想获得更多用户的关注，或者赢得更多点赞和转发，那么在创作视频内容时应尽量满足用户的需求。要做到这一点，运营者的内容定位还需要符合一定的标准，具体如图 10-9 所示。

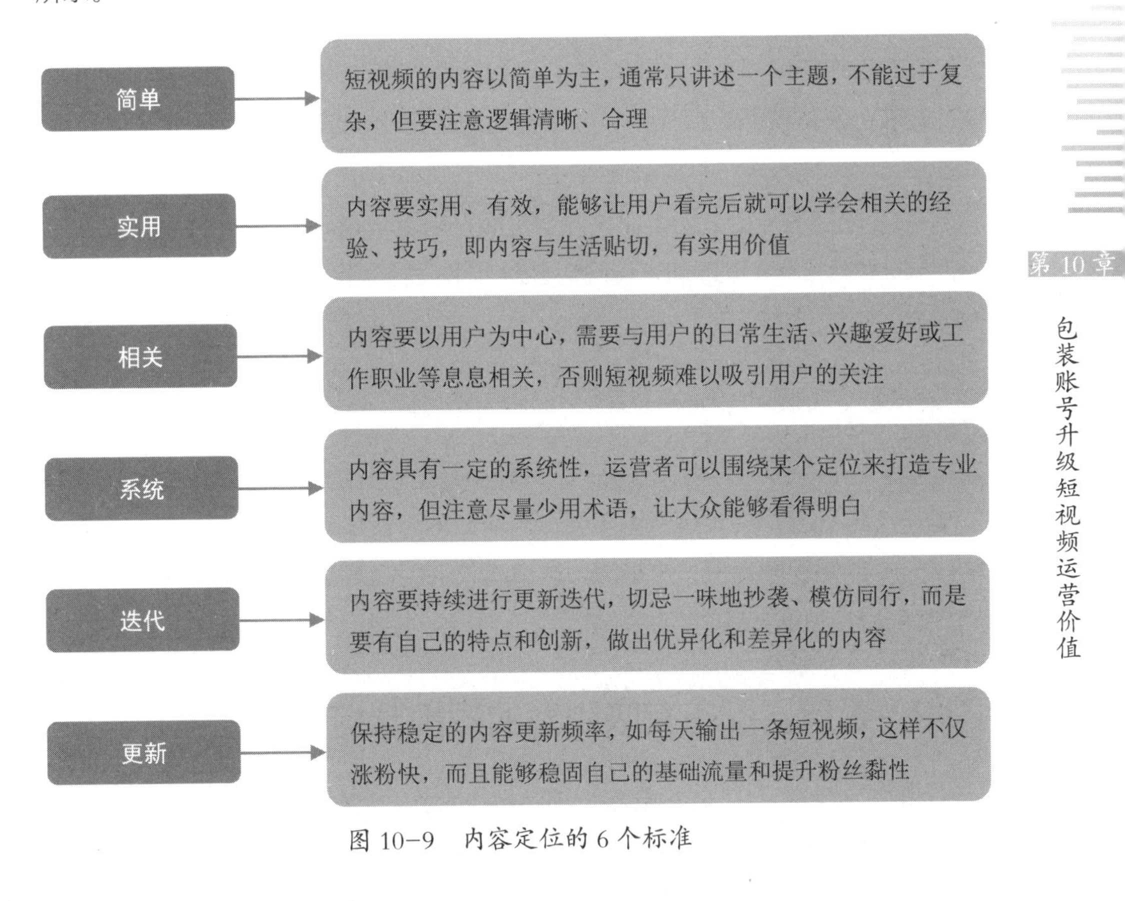

图 10-9 内容定位的 6 个标准

10.2.5 内容定位的相关规则

短视频平台上的大部分“爆款（热门）”内容都是经过运营者精心策划的，

而内容定位也是成就“爆款”内容的重要条件。运营者需要让内容始终围绕精准的定位来进行策划，保证内容的方向不会产生偏差。

在进行内容定位策划时，运营者需要注意以下几个规则。

（1）选题有创意。内容定位的选题尽量独特、有创意，同时要建立自己的选题库和标准的工作流程，不仅能够提高创作的效率，而且还可以刺激用户持续观看的欲望。例如，运营者开发出一个大众有共鸣、市场上比较稀缺的选题。

（2）剧情有落差。短视频通常需要在短短 15 秒内将大量的信息清晰地叙述出来，因此内容通常比较紧凑。尽管如此，运营者还是要“头脑风暴”，在剧情上安排一些高低落差，以此来吸引用户的眼球。

（3）内容有价值。不管是什么类型的内容，都要尽量给用户带来价值，让用户值得为你的内容付出时间成本。例如，做搞笑类的短视频，就需要给用户带来快乐；做美食类的短视频，就需要让用户产生食欲，或者让他们有实践的想法。

（4）情感有对比。内容可以源于生活，采用一些简单的拍摄手法，以展现生活中的真情实感，同时加入一些情感的对比，主动带动用户的情绪和营造相应的氛围。

专家提醒：短视频的台词内容要具备一定的共鸣性，能够触动用户的情感共鸣点，让他们愿意信任你。

（5）时间有把控。运营者需要合理地安排短视频的时间节奏，以抖音默认的拍摄 15 秒短视频为例，这是因为这个时长的短视频是最受用户喜欢的，而短于 7 秒的短视频不会得到系统推荐，长于 30 秒的短视频用户很难坚持看完。

10.3 设置：配备有吸引力的短视频标识

各种短视频平台上的运营者数不胜数，那么，如何让你的账号从众多同类账号中脱颖而出，快速被大家记住呢？其中一种方法就是通过账号信息的设置，做好平台的基础搭建工作，同时为自己的账号打上独特的个人标签。

10.3.1 设置账号名字的技巧

运营者的账号名字需要有特点，而且最好和账号定位相关，基本原则如下。

（1）好记忆：名字不能太长，太长的话用户不容易记忆，通常为 3 ～ 5 个字即可。取一个具有辨识度的名字可以让用户更好地记住你。

（2）好理解：账号名字可以跟自己的领域相关，或者能够体现身份价值，同时注意避免生僻字，通俗易懂的名字更容易被大家接受。

（3）好传播：运营者的账号名字还得有一定的意义，并且易于传播，能够给人带来深刻的印象，有助于增加账号的曝光度。

> 专家提醒：账号名字也可以体现出运营者的人设感，即看见名字就能联系到他的人设。人设是指人物设定，包括姓名、年龄等人物的基本设定，以及企业、职位等背景设定。

10.3.2 设置账号头像的技巧

运营者的账号头像也需要有特点，尽可能地展现自己最美的一面，或者展现企业的良好形象。值得注意的是，领域不同，账号头像的侧重点也就不同。同时，好的账号头像辨识度更高，能让用户更容易记住你的账号。

运营者在设置账号头像时，可以掌握一些基本技巧，具体如图 10-10 所示。

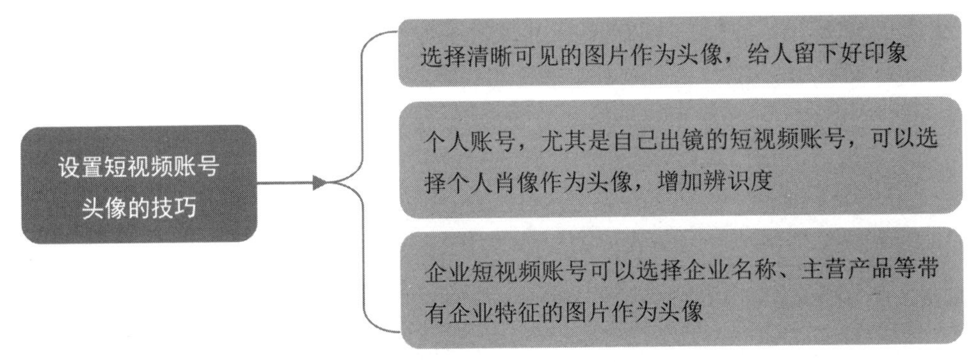

图 10-10 设置短视频账号头像的技巧

10.3.3 设置账号简介的技巧

对于短视频账号来说，其简介也是凸显账号特征的一部分。短视频账号的简介通常以简单明了为主，主要原则是“描述账号+引导关注”，基本设置技巧如图 10-11 所示。

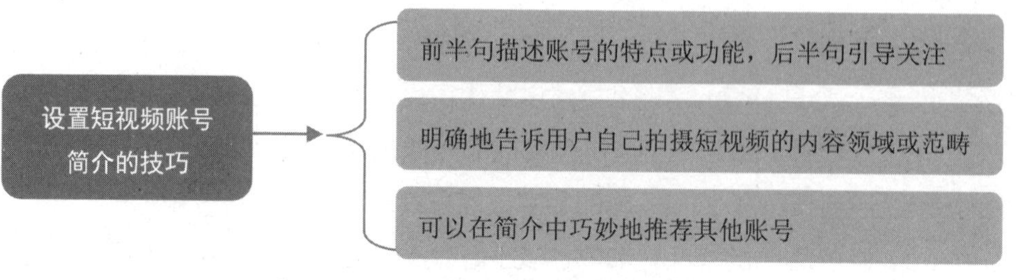

图 10-11　设置短视频账号简介的技巧

第11章 明晰算法帮助短视频创收流量

对于运营者来说，获得流量是短视频运营的核心竞争力，因此引流成为短视频运营中的关键环节。运营者需要通过明晰算法、社交转化等方式来获取更多流量，从而让自己的短视频内容被更多人看到和关注。

11.1 算法：增加短视频流量的机制

要想成为短视频平台上的“头部大V”，运营者首先要想办法给自己的账号或内容注入流量，让作品火爆起来，这是成为达人的一条捷径。如果运营者没有那种一夜爆火的好运气，则需要脚踏实地地做好自己的视频内容。

当然，这其中也有很多运营技巧，能够帮助运营者提升短视频的流量和账号的关注量，而平台的算法机制就是不容忽视的重要环节。目前，大部分短视频平台采用的是去中心化的流量分配逻辑。本节将以抖音平台为例，介绍短视频的推荐算法机制，帮助运营者明晰算法，并“顺势而为”。

11.1.1 认识算法机制

简而言之，算法机制相当于一套评判规则，这个规则作用于平台上的所有用户。用户在平台上的所有行为都会被系统记录，同时系统会根据这些行为来判断用户的性质，将用户分为优质用户、流失用户、潜在用户等类型。

例如，某位运营者在平台上发布了一条短视频，此时算法机制会考量这条短视频的各项数据指标，以此来判断短视频内容的优劣。如果算法机制判断该短视频为优质内容，则会继续在平台上进行推荐；否则将不会提供流量扶持。

如果运营者想知道抖音平台上当下的流行趋势是什么、平台最喜欢推荐哪种类型的短视频，则可以注册一个新的抖音账号，然后记录前30条看到的短视频内容，每条短视频都完整地看完，这样算法机制是无法判断运营者喜好的，因此会给运营者推荐当前平台上最受欢迎的短视频内容，由此运营者便可以从中得出热门内容。

由此可知，运营者可以根据平台的算法机制来调整自己的内容细节，让自己的内容能够最大化地迎合平台的算法机制，从而获得更多流量。

11.1.2 抖音的算法机制

抖音官方平台通过智能化的算法机制来分析运营者发布的内容和用户的行为，如点赞、停留、评论、转发、关注等，进而了解每个人的兴趣，并给内容和账号打上对应的标签，以此为用户推荐其可能感兴趣的内容。

在这种算法机制下，好的短视频内容能够获得用户的关注，也就是获得精准的流量；而用户则可以看到自己想看的内容，从而持续在这个平台上停留；同时，平台则获得了更多的高频用户，可以说是“一举三得”。

运营者发布到抖音平台上的短视频内容需要经过层层审核才能被大众看到，其背后的主要算法逻辑分为三部分，具体如图 11-1 所示。

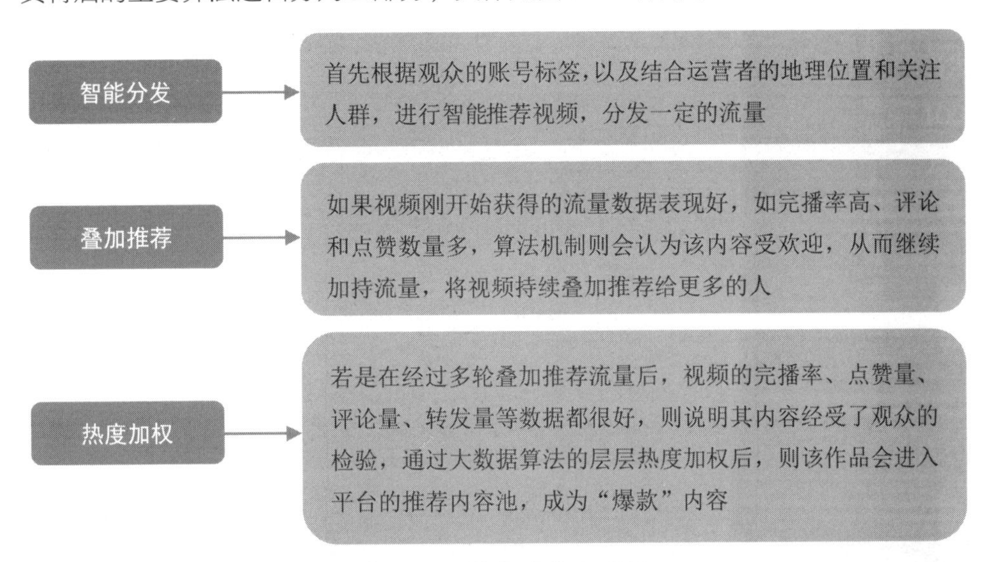

图 11-1　抖音的算法逻辑

11.1.3　抖音算法的实质

抖音短视频的算法机制实质上是一种流量赛马机制，也可以看成一个漏斗模型，如图 11-2 所示。

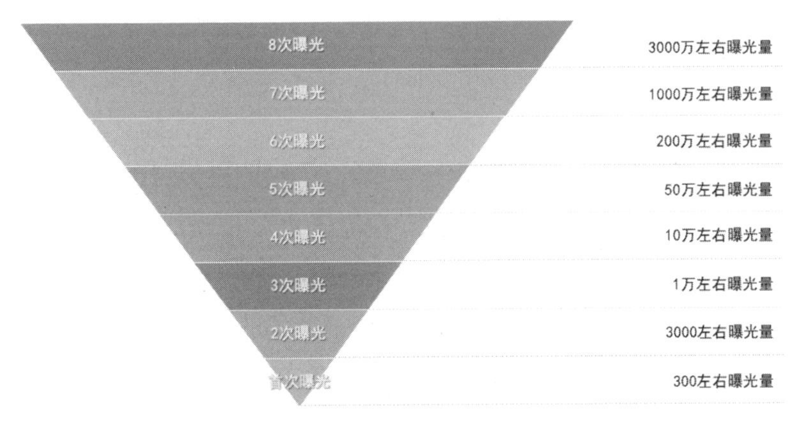

图 11-2　流量赛马（漏斗）机制

运营者发布内容后，抖音平台会将同一时间发布的所有视频放到一个池子里，给予一定的基础推荐流量，然后根据这些流量的反馈情况进行数据筛选，选出数据较高的内容，再将其放到下一个流量池中，而数据差的内容将不再被系统推荐。

也就是说，在抖音平台上，内容的竞争相当于赛马一样，通过算法统计出数据较差的内容，并将其淘汰。图 11-3 所示为流量赛马机制的相关流程。

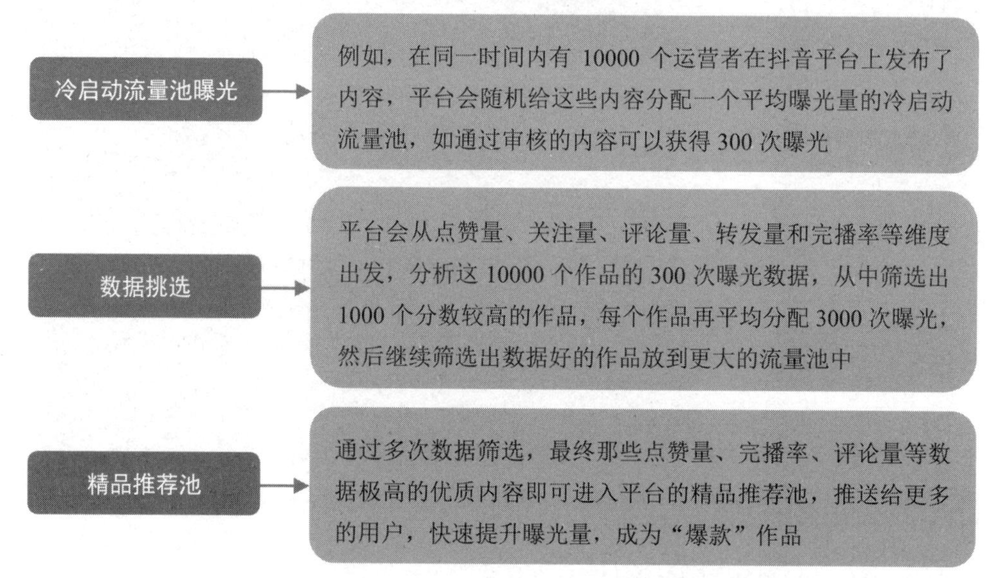

图 11-3　流量赛马机制的相关流程

11.1.4　明晰流量池的作用

在抖音平台上，运营者不管有多少粉丝，内容质量优质与否，发布的内容都会进入流量池中。当然，运营者的内容是否能够进入下一个流量池，关键在于内容在上一个流量池中的表现。

总的来说，抖音的流量池可以分为低级、中级和高级三类，平台会依据运营者的账号权重和内容的受欢迎程度来分配流量池。也就是说，账号权重越高，发布的内容越受用户欢迎，得到的曝光量也会越多。

因此，运营者一定要把握住冷启动流量池，让自己的内容在这个流量池中获得较好的表现。通常情况下，平台评判内容在流量池中的表现主要参考点赞量、关注量、评论量、转发量和完播率这几个指标，如图 11-4 所示。

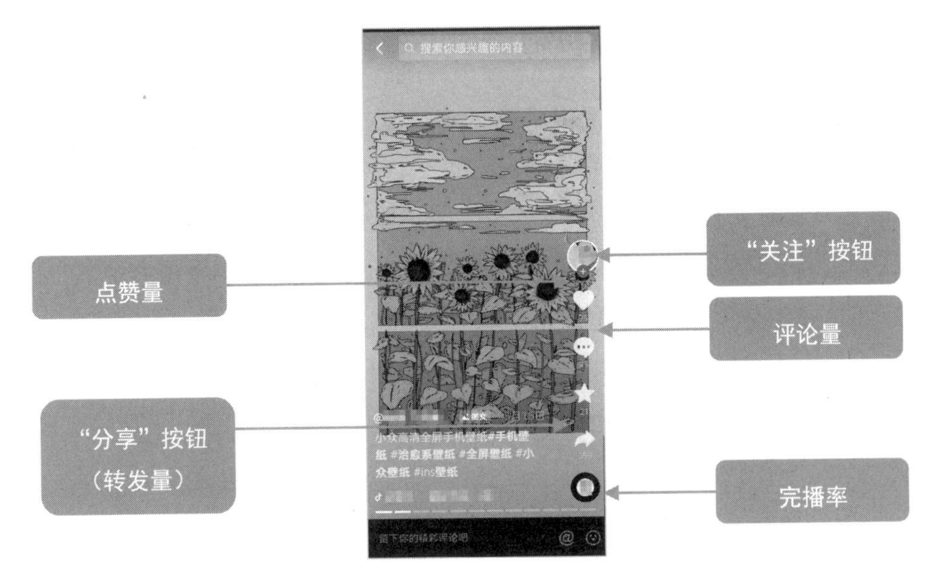

图 11-4　抖音平台上的短视频指标数据

运营者发布短视频后，可以通过自己的私域流量或者付费流量来增加短视频的点赞量、关注量、评论量、转发量和完播率等指标的数据。

也就是说，运营者的账号是否能够做起来，这几个指标是关键因素。如果某位运营者连续 7 天发布的短视频都没有人关注和点赞，甚至很多人在看到封面后就直接划走了，那么算法系统就会判定该账号为低级号，给予的流量会非常少。

如果某位运营者连续 7 天发布的短视频播放量都维持在 200 ～ 300 次，则算法系统会判定该账号为最低权重号，同时将其发布的内容分配到低级流量池中。若该账号发布的内容持续 30 天播放量仍然没有突破，则同样会被系统判定为低级号。

反之，如果某位运营者连续 7 天发布的短视频播放量都超过 1000 次，则算法系统会判定该账号为中级号或高级号，这样的账号发布的内容很容易成为“热门”视频。

总之，运营者明晰了抖音的算法机制后，即可轻松引导平台给账号匹配优质的用户标签，让账号权重更高，从而为短视频带来更多的流量。

专家提醒：另外，停留时长也是评判内容是否有上热门潜质的关键指标。用户在某条短视频播放界面的停留时间越长，抖音的算法则会自动认为用户对该短视频有浓厚的兴趣，进而为其推荐更多类似的短视频。

11.1.5 借力叠加推荐机制

在抖音平台为视频内容提供了第一波流量之后，算法机制会根据这波流量的反馈数据来判断内容的优劣。如果某一视频内容被判定为优质的内容，则会给内容叠加分发多波流量；反之便不会再继续分发流量了。

因此，抖音的算法系统采用的是一种叠加推荐机制。在一般情况下，运营者发布作品后的前一个小时内，如果短视频的播放量超过 5000 次、点赞量超过 100 个、评论量超过 10 个，则算法系统会马上给予下一波推荐。图 11-5 所示为叠加推荐机制的基本流程。

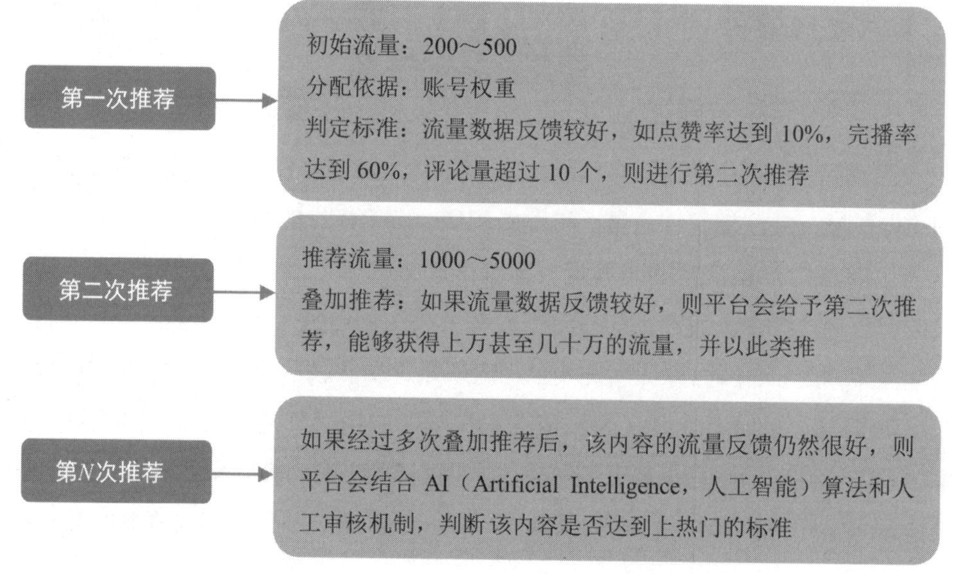

图 11-5 叠加推荐机制的基本流程

对于算法机制的流量反馈情况来说，各个指标的权重也是不一样的，具体为：播放量（完播率）> 点赞量 > 评论量 > 转发量。运营者的个人能力是有限的，因此，当内容进入更大的流量池后，这些流量反馈指标就很难进行人工干预了。

> 专家提醒：许多人可能会遇到这种情况，就是自己拍摄的原创内容没有火，但是别人翻拍的作品却火了，这其中很大的一个原因就是受到账号权重大小的影响。
> 关于账号权重，简单来讲，就是账号的优质程度，也就是运营者的账号在平台心目中的位置。权重会影响内容的曝光量，低权重的账号发布的内容很难被用户看见，而高权重的账号发布的内容则更容易被平台推荐。

运营者还需要注意的是，千万不要为走捷径而去刷流量反馈数据，平台对于这种违规操作是明令禁止的，并会根据情况的严重程度，相应给予审核不通过、删除违规内容、内容不推荐、后台警示、限制上传视频、永久封禁、报警等处理结果。

11.2 引流：更多短视频流量的来源

如今，短视频运营已经成为一个火热的发展趋势，影响力越来越大，受众的范围也越来越广，这意味着短视频运营领域拥有大量的潜在流量，获得更多的潜在流量成为众多短视频运营者的一致追求。本节将以抖音短视频平台为例，介绍短视频引流的常用技巧。

11.2.1 对标精准的流量

对于短视频行业来说，流量的重要性是不言而喻的，很多运营者都在利用各种各样的方法来为账号或作品引流，目的就是希望能够提升粉丝量，打造“爆款”内容。而流量的提升难易程度不可一概而论，关键在于运营者采取何种技巧，以及投入多少时间和资金成本。

但引流的前提是流量一定要精准，这样才能有助于后期的变现。例如，很多运营者在抖音上拍摄搞笑内容，然后在剧情中植入商品。这类内容相对来说会比较容易吸引用户的关注，也容易产生“爆款”内容，且能够有效覆盖更多的人群，但获得的往往是“泛流量”，用户关注的更多是内容，而不是产品。如果运营者想要借助短视频获得直接利益，则效果不佳。

因此，对于短视频变现而言，运营者需要对标精准的流量来实现内容的转化。

11.2.2 借助原创内容引流

对于有短视频创作能力的运营者来说，原创内容引流是最好的选择。运营者可以把创作好的原创短视频发布到抖音平台上，同时在账号资料部分进行引流，如在昵称、个人简介等位置上都可以留下微信等联系方式。

短视频平台上的年轻用户偏爱热门和创意有趣的内容，同时在抖音官方介绍中，抖音鼓励的短视频是：场景化、画面清晰，记录自己的日常生活，内容健康向上，多人类、剧情类、才艺类、心得分享、搞笑等多样化内容，不拘于一个风格。运营者在创作原创短视频内容时，可以记住这些原则，让作品获得更多推荐。

11.2.3 借助“种草”视频引流

“种草”是一个网络流行语，表示分享推荐某一商品的优秀品质，从而激发他人购买欲望的行为。如今，随着短视频的火爆，带货能力更好的“种草”视频也开始在各大新媒体和电商平台中流行起来，能够为产品带来更多的流量。

相对于图文内容来说，短视频可以使产品“种草”的效率大幅提升。因此，“种草”视频更具引流和带货优势，可以让消费者的购物欲望变得更加强烈。具体来说，“种草”视频的主要优势如图 11-6 所示。

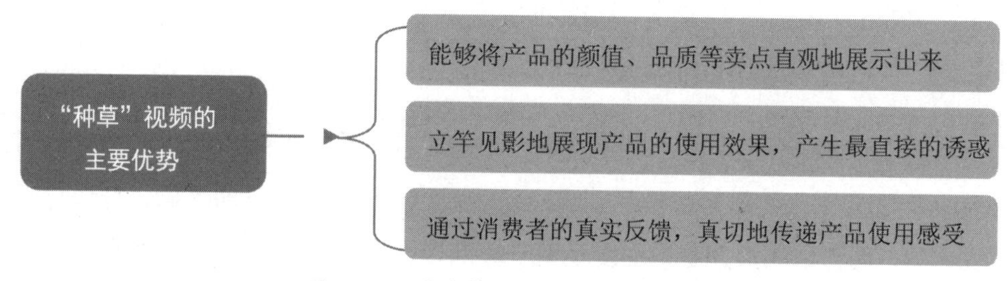

图 11-6 “种草”视频的主要优势

“种草”视频不仅可以告诉潜在消费者所推荐产品的主要优势，还可以使运营者和用户之间快速建立起信任关系，从而实现“种草”成功。任何事物的火爆都需要借助外力，“爆品（火热的产品）”的锻造升级也是如此。在这个产品繁多、信息爆炸的时代，如何引爆产品是值得每位运营者思考的问题。从“种草”视频的角度出发，打造“爆款”需要做到以下几点，如图 11-7 所示。

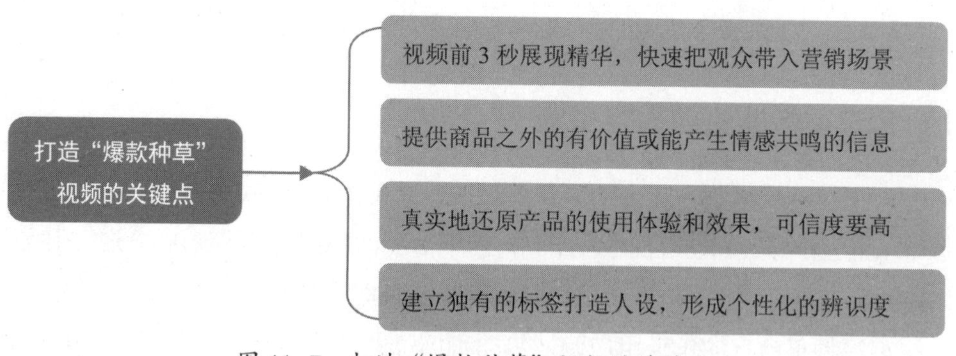

图 11-7 打造“爆款种草”视频的关键点

11.2.4 借助付费工具引流

如今，各大短视频平台针对有引流需求的用户都提供了付费工具，如抖音的“DOU＋上热门”、快手的“帮上热门”等。例如，“DOU＋上热门”是一款视频“加热”工具，可以实现将视频推荐给更多兴趣用户，提升视频的播放量与互动量，以及提升视频中带货产品的点击率。

运营者可以在抖音上打开要引流的短视频，点击“分享”按钮，在弹出的“分享给朋友”界面中点击“帮上热门”按钮，如图11-8所示。执行操作后，即可进入“DOU＋上热门”界面。

另外，运营者还可以在抖音的创作者服务中心的功能列表中选择“上热门”功能，同样也可以进入“DOU＋上热门”界面，如图11-9所示。

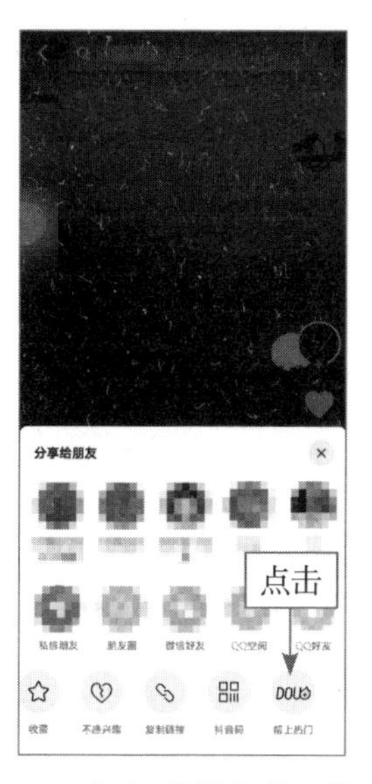

图11-8 点击“帮上热门”按钮

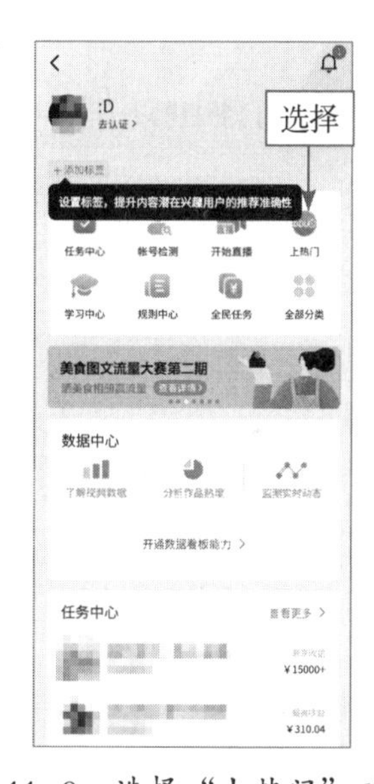

图11-9 选择“上热门”功能

在“DOU＋上热门”界面中，运营者可以选择具体的推广目标，如获得点赞评论量、粉丝量或主页浏览量等，系统会显示预计转化数并统计投放金额，确认支付即可。投放DOU＋的视频必须是原创视频，内容的完整度较好，视频时长超过7秒，且没有其他App水印和非抖音站内的贴纸或特效。

11.2.5 借助抖音热词引流

对于短视频运营者来说，“蹭热词”是耳熟能详的。运营者可以利用抖音热搜寻找当下的热词，并让自己的短视频高度匹配这些热词，使短视频得到更多的曝光量。下面总结出了 4 种利用抖音热搜引流的方法，具体如图 11-10 所示。

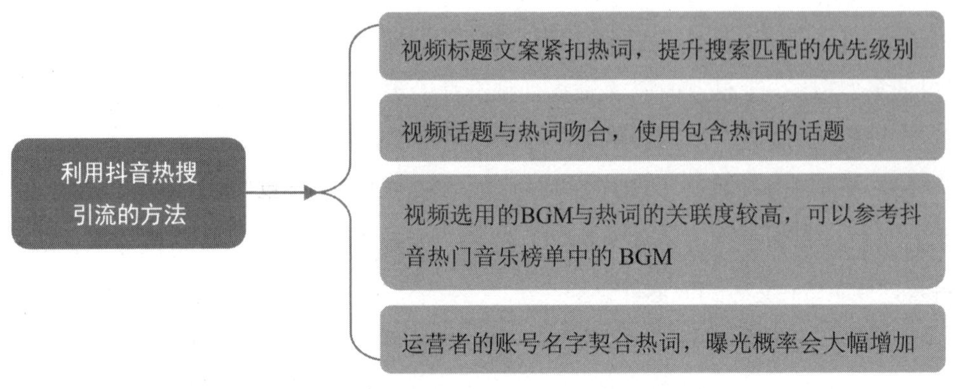

图 11-10 利用抖音热搜引流的方法

11.2.6 借助评论功能引流

运营者可以通过关注同行业或同领域的相关账号，评论他们的热门作品，并在评论中打广告，给自己的账号或者产品引流。

评论热门作品引流主要有两种方法。

（1）直接评论热门作品：特点是流量大，但竞争大。

（2）评论同行的作品：特点是流量小，但粉丝精准。

11.2.7 借助矩阵账号引流

矩阵账号是指通过同时运营多个不同类型的账号，打造一个稳定的粉丝流量池，整体的运营思维为“大号打造 IP + 小号辅助引流 + 最终大号转化”。

打造矩阵账号通常需要建立一支短视频团队，至少要配置两名主播、一名拍摄人员、一名后期剪辑人员以及一名推广营销人员，从而保障矩阵账号的顺利运营。在建立矩阵账号时，还有很多注意事项，具体如图 11-11 所示。

值得注意的是，矩阵账号中各子账号的定位一定要精准，这一点非常重要。每个子账号的定位不能过高或者过低，更不能错位，既要保证主账号的发展，又要让子账号能够得到很好的成长。

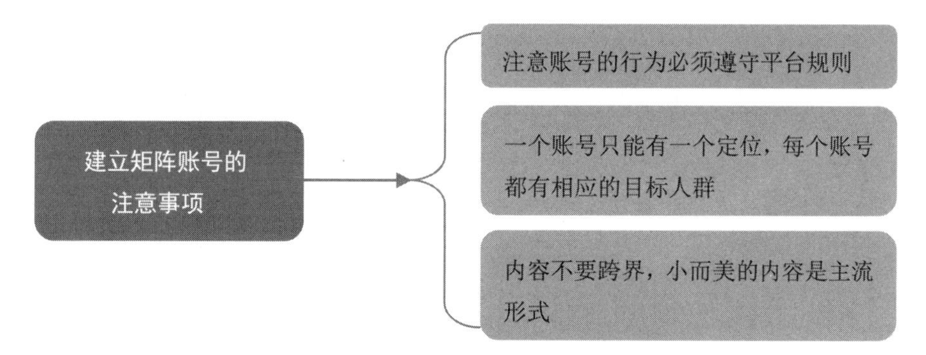

图 11-11　建立矩阵账号的注意事项

11.2.8　借助线下 POI 引流

短视频的引流是多方向的，既可以从平台的公域流量池或者跨平台引流到账号本身，也可以将自己的私域流量引导至其他的线上平台。尤其是本地化的短视频账号，还可以通过短视频给自己的线下实体店铺引流。

例如，用抖音给线下实体店铺引流的最佳方式就是开通企业号，并利用“认领 POI 地址”功能，在 POI（Point of Interest，兴趣点）地址页中展示店铺的基本信息，实现从线上到线下的流量转化。

当然，要想成功引流，运营者还必须持续输出优质的内容、保证稳定的更新频率、多与用户互动，并打造好自身的产品，做到这些则可以为店铺带来长期的流量。

11.2.9　借助热门话题引流

不管是做短视频还是其他内容形式，只要内容与热点挂钩，通常都能得到极大的曝光量。那么，如何通过抖音蹭热门话题，让短视频播放量快速破百万次呢？

运营者可以进入“抖音热榜”界面中的“挑战榜”选项卡，选择合适的热点话题后，只需点击“立即参与”按钮即可参加该热门话题挑战赛，如图 11-12 所示。另外，运营者也可以在“挑战榜”上的短视频播放界面中点击“拍同款”按钮，快速拍摄带同款热门话题的短视频，如图 11-13 所示。

运营者发布短视频后，平台会根据这个热点的热度，以及内容与热门话题的相关性，为短视频分配相应的流量。

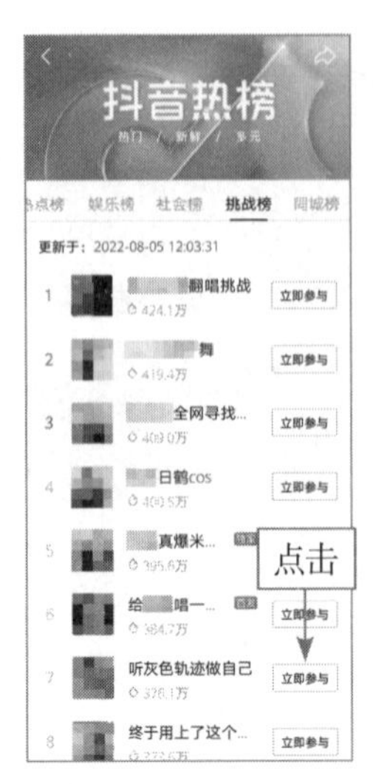

图 11-12 点击“立即参与”按钮

图 11-13 点击“拍同款”按钮

11.3 运营：提高粉丝关注度的技巧

在掌握了算法与引流的相关知识之后，短视频运营者可以借助一些技巧来提高粉丝的关注度。具体可以通过各种社交互动方式，让运营者与粉丝的关系更加深入，让信息的流动性更强，从而实现短视频运营的转化。

11.3.1 构建私域流量池

打造个人品牌已经不再是所谓明星、名人和企业家的福利，每个人都可以通过互联网用自己的“绝活”来吸引观众，通过给大家分享有价值的内容来实现粉丝经济获利。

私域流量的出现打破了传统的商业逻辑，产品买卖不再是一次性的交易。商家可以通过各种私域流量平台来吸引粉丝，并且聚集和沉淀产品的目标消费人群，同时将这些用户转化为自己的铁杆粉丝，构建数据池。

另外，随着信任关系的不断增强，我们还可以用存量来带动增量，并且将流量转化为“留量”。“留量”指的是私域流量池中留下的有深度互动的用户资源，如果说粉丝人群是流量的表现，那么铁杆粉丝就是“留量”的代表。

专家提醒：私域流量是相对于公域流量的一种说法，其中“私”指的是个人的、私人的、自己的意思，与公域流量的公开相反；“域”指的是范围，也就是这个区域到底有多大；“流量”则是指具体的数量，如人流数、车流数或者用户访问量等。私域流量和公域流量在“域”“流量”上具有相似性。

构建私域流量池，可以采取以下几种方法。

（1）主动添加新朋友：运营者可以根据用户的个人信息，获取用户的微信联系方式，以此来拉近与用户的距离。

（2）利用“鱼塘理论”：“鱼塘理论”认为，精准用户就像一条条游动的鱼，他们聚集的地方就像鱼塘。运营者可以通过社交应用中的各类群，如微信群、豆瓣小组等找到与视频内容相关的人群，使其成为自己的粉丝。

（3）添加相应的群好友：当运营者找到并进入相应的精准微信群、豆瓣小组之后，就可以添加群里面的成员为自己的好友，打造自己的私域流量池。

（4）日常维护关系：当运营者添加了群内的好友后，切不可置之不理，一定要多与他们进行互动交流。运营者在与好友进行交流时，首要原则是保持真诚，秉持交朋友的态度与其进行交流。

11.3.2 流量裂变实现增值

一般来说，运营者在拥有了一定的粉丝之后，要成功地推出产品并不难，但是，如何将粉丝有效地结合在一起，提高产品销量呢？以抖音为例，短视频运营者在拥有了一定的粉丝基础之后，可以通过创建抖音群聊的方式，将众多粉丝聚集到一起，作为运营者联系新老粉丝的一个入口。运营者可以通过群聊将新产品、今日活动、优惠福利等优先通知每一位粉丝，以此来增加粉丝或潜在用户的黏性。图 11-14 所示为抖音群聊页面。

原有的粉丝是运营者的主要流量来源，运营者需要重点维系与原有粉丝的关系，利用原有粉丝的流量来快速裂变吸粉，实现流量增值。具体来说，运营者可以采取如图 11-15 所示的几项措施。

运营者可以在 H5 页面中添加裂变红包插件，这样用户每次在活动中抽得一次红包奖励，同时还可以收获相应的裂变红包。裂变红包对营销活动有很好的推动作用，能够激发用户的分享欲望，极大地提升活动的分享率，使其传播范围更广。

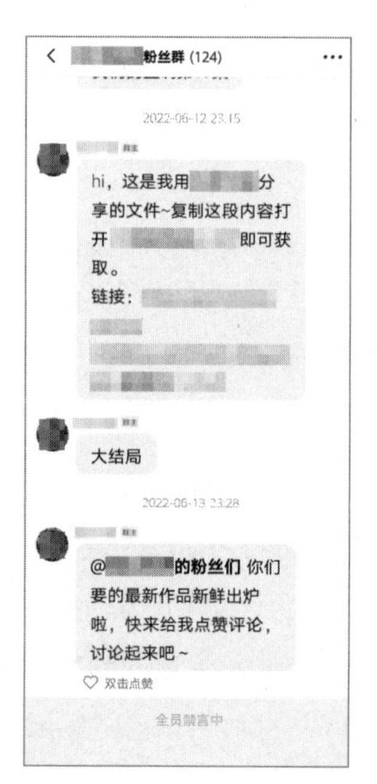

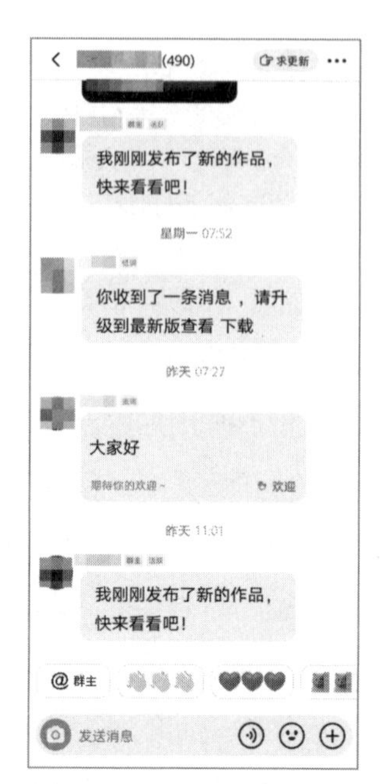

图 11-14 抖音群聊页面

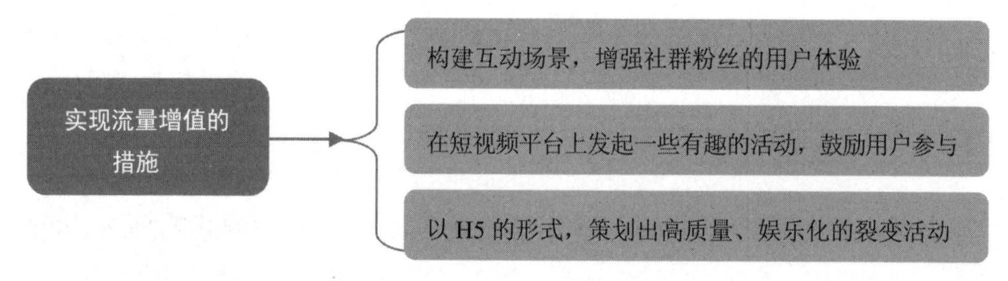

图 11-15 实现流量增值的措施

11.3.3 自建鱼塘养鱼

如今，不管是哪个平台，要捕到流量这条“大鱼”的成本已经越来越高。因此，建议运营者最好“自建鱼塘养鱼”（打造私域流量），这样不仅可以降低捕鱼成本（不用做付费引流），同时也会更容易捕到鱼（流量更精准）。关于运营者打造私域流量，可以参考以下几个方向。

1. 从公域流量中“抓鱼”

公域流量池是广大运营者引流的首选渠道，可以进入这些平台，将其中的用户转化为自己的私域流量。例如，运营者同时运营多个短视频账号，可以在账号简介中注明相关的账号名称，如图 11-16 所示。

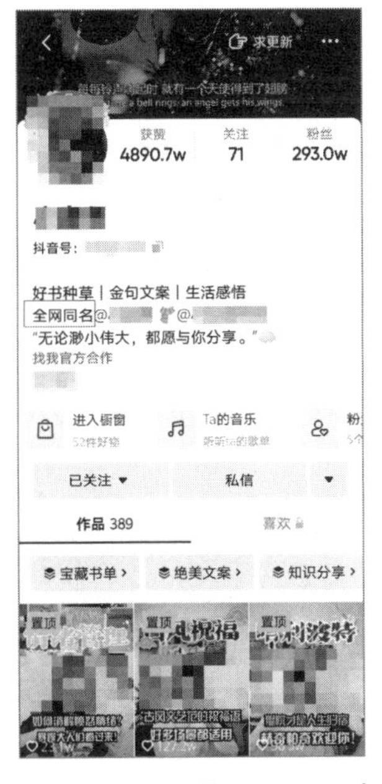

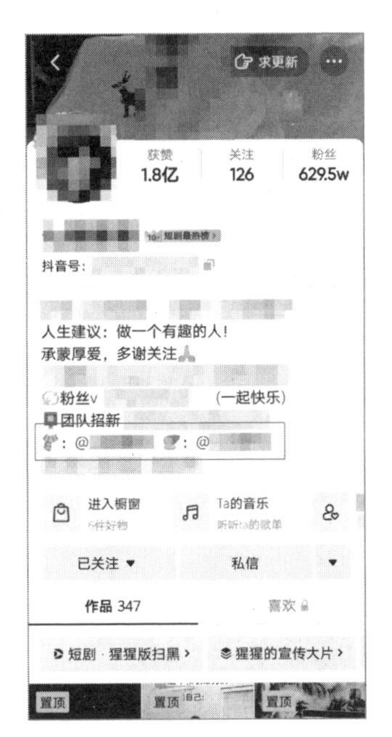

图 11-16　借助公域流量引流示例

2. 从他人账号中“捞鱼”

运营者可以从那些“大 V（具有一定影响力和知名度的账号）”的私域流量池中捞流量。具体来说，运营者可以多关注同行业或同领域的相关账号，评论他们的热门作品，并在评论中打广告，给自己的账号或者产品引流。

例如，拍摄美妆视频的运营者可以多关注一些护肤、美容等相关账号，选择知名度高的账号在其评论区中留言，引导他们的粉丝来关注自己。但要注意，评论的话题或话语需以正向价值观为导向，切忌话语低俗、带负能量等。

3. 裂变与转化私域流量

运营者还可以在已有的私域流量中努力，通过提高短视频的内容质量、增加宠粉福利等方式激发粉丝转发视频的欲望，从而实现私域流量的裂变与转化，获得更多的流量。

11.3.4　个人 IP 转化获利

通过前面的引流吸粉，我们可以慢慢积攒到自己的私域流量，也许可以收割一批流量红利，但是长久下去往往会涸泽而渔。因此，我们需要同时打造自己的个人 IP，结合私域流量和个人 IP 来实现更加长久的运营。

具体来说，短视频运营者打造个人 IP 有以下几个步骤。

1. 定位个人 IP

定位个人 IP 即平常所说的产品定位，通过打造“斜杠身份”来告诉你的粉丝，你能为他们带来什么价值。个人 IP 要有明确清晰的定位，不仅要做垂直领域的内容，而且要用更好的创意来另辟蹊径，开发全新的领域。

定位个人 IP 包含三个方面的内容，具体如下。

（1）确定个人 IP 的基本类型：短视频运营者在定位个人 IP 时，应重点布局三种类型，具体如图 11-17 所示。

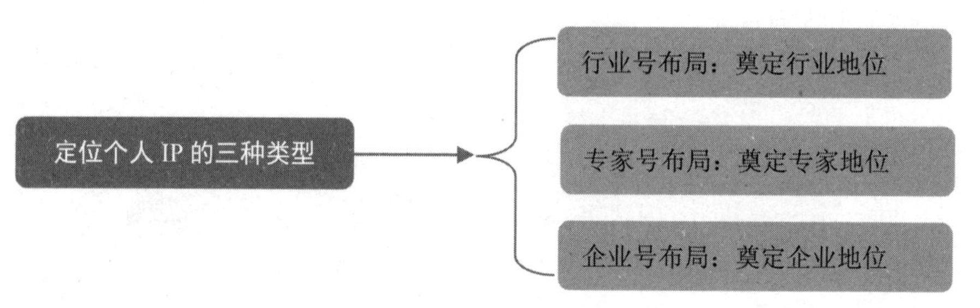

图 11-17　定位个人 IP 的三种类型

（2）确定个人 IP 的用户定位：在私域流量和个人 IP 的结合运营中，用户定位是至关重要的一环，运营者首先要做的是了解平台针对的是哪些人群、他们具有什么特性等问题。在了解了用户特性的基础上，再进行用户定位。在用户定位的全过程中，一般包括三个步骤，具体如下。

数据收集：运营者可以通过一些短视频平台后台提供的数据分析功能来分析用户属性和行为特征，包括年龄段、性别、收入和地域等，从而大致了解自己的用户群体的基本属性特征。

用户标签：在获得相关用户的基本数据后，根据这些数据来分析用户的喜好，给每个用户打上标签，并进行分类，洞悉用户需求。

用户画像：利用上述内容中的用户属性标注，从中抽取典型特征，完成用户的虚拟画像，构成平台用户的各类用户角色，以便进行用户细分。接下来运营者就可以在内容中更多地合理植入用户偏好的关键词，以便让内容更多地被用户搜索和喜欢，从而促进个人 IP 的发展和壮大。

（3）打造个人 IP 的“斜杠身份”：运营者可以根据用户定位来打造个人 IP 的“斜杠身份”，用户喜好什么，我们就给自己标识什么样的身份。具体而言，运营者可以参考如图 11-18 所示的技巧来打造“斜杠身份”。

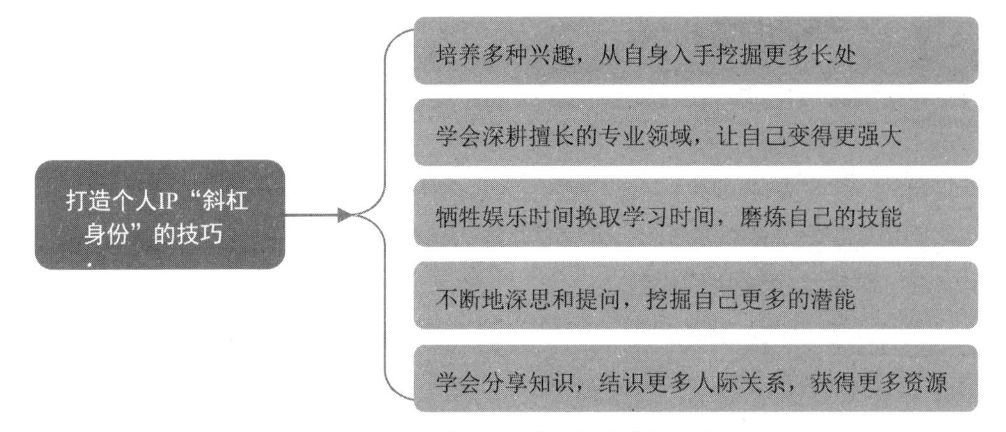

图 11-18　打造个人 IP“斜杠身份”的技巧

2. 打造 IP 产品

个人 IP 的产品打造与自媒体是不同的，自媒体通常讲究的是单点极致，致力于单一产品的打造；而个人 IP 则更强调的是生态，因此需要强大的产品矩阵来支持其私域流量的转化获利。

对于短视频运营者而言，打造个人 IP 产品，相当于创建自己的内容品牌，创作出不一样的视频内容，以快速实现私域流量的转化。例如，短视频运营者以图文、影音等形式来传播个人 IP 的品牌文化和价值卖点，借此吸引粉丝的注意力，从而达到引流私域流量池的目的。

3. 个人 IP 转化获利

短视频的个人 IP 转化获利途径主要是通过短视频输出有价值的内容，获得一定数量的私域流量或影响力。例如，有些短视频平台推出了一些付费视频或课程，可以帮助短视频运营者赢得一些利益。

又如，运营者可以通过有偿帮助企业或品牌传播商业信息，参与各种公关、促销、广告等活动，促成产品的购买行为，并使品牌建立一定的美誉度或忠诚度，以此来获得代言或代销售的费用。

11.3.5　稳固粉丝数量的方法

稳定的粉丝量是短视频运营的获益途径，因此运营者应以粉丝为中心输出视频内容。具体来说，运营者可以掌握以下技巧来稳固自己的粉丝数量。

1. 从满足用户需求出发

短视频运营者要找到自己的需求用户，有针对性地解决用户的痛点，才能抓住用户。运营者首先要与用户进行沟通交流，了解用户需要解决什么样的问题，再推荐相关的产品或创作相关的视频内容，真正站在用户的角度为其着想，得到用户的信任，这样才能使用户成为你的铁杆用户或粉丝。

2. 多互动增强用户黏性

为了与自己的粉丝培养一个比较稳固的关系，短视频运营者应该尽量多与粉丝进行互动，赢得粉丝的好感，增加信任感，且多提升自己的存在感。关心自己的核心粉丝，评论是最有效的方法。

在短视频平台的评论区中，运营者面对粉丝的评论要尽量回复以表尊重。为此，运营者需要注意如图 11-19 所示的几个问题。

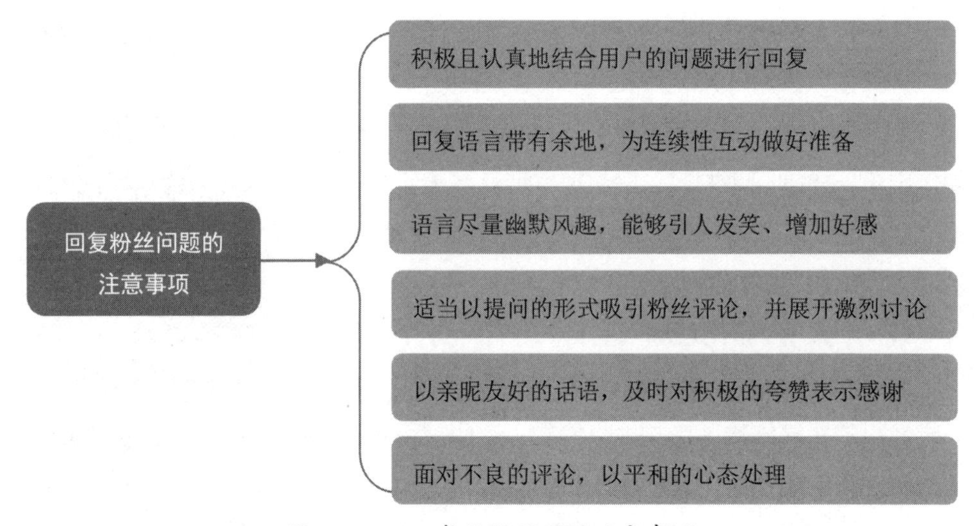

图 11-19　回复粉丝问题的注意事项

3. 以真挚情感打动粉丝

运营者在创作短视频时，如果只是循规蹈矩地发一些无趣的广告内容，则势必显得不真诚。如果我们能对广告内容加以修改，添加一些可以抓人眼球的元素，那么，吸引粉丝的概率就会大很多。

一般来说，最能够引起大众注目的话题自然就是“感情”。用各种能够触及对方心灵的句子或内容来吸引别人，也就是所谓的“情感营销”。因为在现今这个时代，由于物质生活的不断丰富，大家在购买产品时，不单单看重产品本身的质量与价格，而更多地追求一种精神层面上的满足、一种心理认同感。情感营销正是利用了用户的这一心理，对症下药，将情感融入营销当中，唤起消费者的共鸣与需求，把“营销”这种冰冷的买卖行为变得有血有肉。

因此，在短视频创作中，运营者也应该抓住用户对情感的需求，不一定非得是“人间大爱”，任何形式的、能够触动人心的细节方面的内容，都可能会触动不同用户的心灵。

4. 多平台引流拓展用户

现今，有很多可以发布短视频的平台，如抖音、哔哩哔哩、小红书等。短视频运营者可以将眼光放长远一些，同时注册多个平台的账号，拓展更多的可能性，挖掘更多的粉丝。

5. 新用户成为铁粉的方法

不论创作何种类型的短视频，运营者都应该尽量做到持续跟踪用户，只有这样，才能让对方感受到你的诚意。那么，如何才能做到有效跟踪呢？下面为大家详细介绍三种方式。

（1）独辟蹊径寻找跟踪方式：因为只有“不一样”，才能让对方对你留下深刻的印象。例如，大部分运营者与粉丝的互动方式多为评论区或私信，而我们可以试着写一封信与用户进行交谈，手写的文字相比于网络上的交流会更有温度，以及更显运营者对粉丝的用心程度。

（2）找合适的对话主题：在跟踪用户的过程中，运营者每一次与用户交谈或发布内容时，都需要有一个合适的主题开始。例如，涉及产品推荐的视频内容，直接介绍产品容易演变成“广告营销”，运营者可以尝试写一个与产品相关的故事脚本，将其拍摄出来并在其中引入产品的使用等，以此达到产品推荐的效果会更容易令用户接受，且吸引新用户成为铁粉的概率更大。

（3）注意跟踪的时间间隔：跟踪用户的时间间隔也是一个需要仔细思考与看待的问题，因为时间间隔太短会让人厌烦，太长又容易让对方忘记你的存在。一般来说，2～3个星期进行一次跟踪调查是比较好的选择。例如，短视频运营者有固定的发布视频内容时间，在发布2～3条短视频的时间间隙，尝试进行一次宠粉福利，让粉丝感受到运营者的诚意。

> 专家提醒：运营者在每次跟踪调查时，都不要显露出太强烈的营销欲望，必须要明确，跟踪的主要目的还是帮助用户解答关于产品或服务的问题，甚至是去了解用户，摸清楚他们真正想要的，从而为他们创造价值。

6. 鼓励用户提出反馈意见

短视频运营者应该不断挖掘用户的价值，听取用户的建议，不断完善视频的创作过程，最终形成自己的视频特色，从而吸引更多的用户。

用户的建议对于短视频运营者来说具有至关重要的作用。因为用户作为粉丝，可以描述他们真正需要的是什么、你的视频还欠缺什么、有哪些是没有做到位的。运营者在面对用户的建议时，有以下三个原则是必须遵守的。

（1）鼓励用户主动建议：运营者需要主动一些，鼓励用户提出一些不满意或者觉得还能够完善的地方，并且向用户表明你一定会重视他所提出的意见，甚至可以采取资金上的鼓励，给那些提出有价值建议的用户提供优惠或代金券奖励。很多时候，有偿得到的信息会比无偿的更有价值。

（2）认真听取用户的建议：一旦用户提出了建议，运营者要做的就是认真记录这些信息，表明自己对这些信息的重视性，决不能随意敷衍。在听取完建议之后，运营者还应该深入分析形成这个问题的原因是什么，应该如何做才能解决这个问题，并拟出具体的实施方案。

（3）完善与落实用户的建议：如果运营者在收集建议之后没有立马去落实，那么听取建议的过程就没有任何意义，短视频创作也可能得不到最优的效果，甚至当有些用户发现自己的建议没有被重视和实施的时候，他们可能会失去再次提建议的信心。所以，运营者在听取建议之后，一定要迅速总结出解决方案并落实，争取在最短的时间内让用户看到你的改变，增强用户对你的信任度与好感度，从而拉动产品的销量与人气。

第12章 短视频流量转换商业获利模式

随着智能化时代的不断发展，短视频作为一类新的经济业态涌现，具有巨大的市场发展潜能与红利，也吸引了大量的运营者从事短视频的拍摄工作。短视频运营者可以通过流量转换、广告植入、直播卖货等多种形式来获取收益。

12.1 广告：商业获利模式的常见形式

广告获利是目前短视频领域最常用的商业获利模式，一般是按照粉丝数量或者浏览量来进行结算的。本节将以抖音平台为例，介绍各种广告获利的渠道和方法，让短视频的盈利变得更简单。

12.1.1 通过流量广告获利

流量广告是指将短视频流量通过广告手段实现现金收益的一种商业获利模式。流量广告获利的关键在于流量，而流量的关键在于引流和提升用户黏性。在短视频平台上，流量广告获利模式是指在原生短视频内容的基础上，平台会利用算法模型来精准匹配与内容相关的广告。

流量广告获利适合拥有大流量的短视频账号，这些账号不仅拥有足够多的粉丝关注，而且他们发布的短视频也能够吸引大量观众观看、点赞和转发。

例如，由抖音、今日头条和西瓜视频联合推出的“中视频计划”就是一种流量广告获利模式，运营者只需在该平台上发布 1 ～ 30 分钟的横版视频，即可有机会获得收益，如图 12-1 所示。简单来说就是，只要视频有播放量，运营者就能赚到钱。

图 12-1 “中视频计划”的相关介绍和入口

“中视频计划”的入口位于抖音 App 创作者服务中心的功能列表中，运营者通过点击计划介绍界面中的“立即加入”按钮，并完成西瓜视频账号和抖音账号的绑定，即可申请加入“中视频计划”。

12.1.2 借助广告接单获利

广告接单是指短视频运营者在有了一定的粉丝基础之后，可以寻找广告主进行广告投放，通过收取投放广告的费用来实现视频内容的获利。以抖音平台为例，运营者借助广告接单有以下两种途径。

1. 加入星图平台

巨量星图是抖音为达人和品牌提供的一个内容交易平台，品牌可以通过发布任务达到营销推广的目的，达人则可以在平台上参与星图任务或承接品牌方的任务来实现获利。图 12-2 所示为巨量星图的登录界面，可以看到它支持多个媒体平台。

图 12-2 巨量星图的登录界面

巨量星图为品牌方寻找合作达人提供了更精准的途径，为达人提供了稳定的获利渠道，为抖音、今日头条、西瓜视频等新媒体平台提供了富有新意的广告内容，在品牌方、达人和各大新媒体平台等方面都发挥了一定的作用，详细介绍如下。

（1）品牌方：品牌方在巨量星图平台中可以通过一系列榜单更快地找到符合营销目标的达人。此外，平台提供的组件功能、数据分析、审核制度和交易保障在帮助品牌方降低营销成本的同时，也能够获得更好的营销效果。

（2）达人：达人可以在巨量星图平台上获得更多的优质商单机会，从而赚取更多的收益。此外，达人还可以签约 MCN（Multi-Channel Network，多频道网络）机构，获得专业化的管理和规划。

（3）新媒体平台：对于抖音、今日头条、西瓜视频等各大新媒体平台来说，巨量星图可以提升平台的商业价值，规范和优化广告内容，避免低质量广告影响用户的观感，以及降低用户黏性。

巨量星图面向不同平台的达人提供了不同类型的任务，只要达人的账号达到相应平台的入驻和开通任务的条件，并开通接单权限后，就可以承接该平台的任务，如图 12-3 所示。

图 12-3　巨量星图平台上的任务

达人完成任务后，可以进入“我的星图”页面，在这里可以直接看到账号通过做任务获得的收益情况，如图 12-4 所示。需要注意的是，任务总金额和可提现金额数据在默认状态下是隐藏的，达人可以单击右侧的 ⌣ 图标，显示具体的金额。

图 12-4　“我的星图”页面

> 专家提醒：平台只会对未签约 MCN 机构的达人收取 5% 的服务费。例如，达人的报价是 1000 元，任务正常完成后平台会收取 50 元的服务费，达人的可提现金额是 950 元。

2. 参与全民任务

全民任务，顾名思义是指所有抖音用户都能参与的任务。具体来说，全民任务就是广告方在抖音 App 上发布广告任务后，用户根据任务要求拍摄并发布视频，从而有机会得到现金或流量奖励。

用户可以在“全民任务”活动界面中查看自己可以参加的任务，如图 12-5 所示。选择相应任务即可进入“任务详情”界面，查看任务的相关玩法和精选视频，如图 12-6 所示。

图 12-5 “全民任务”活动界面

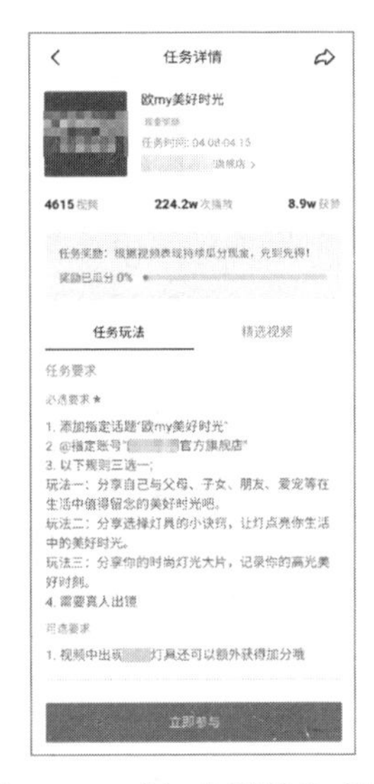

图 12-6 “任务详情”界面

全民任务功能的推出，为广告方、抖音平台和用户都带来了不同程度的好处。

（1）广告方：全民任务可以提高品牌的知名度，扩大品牌的影响力；而创新的广告内容和形式不仅不会让达人反感，而且还能获得达人的好感，达到营销宣传和大众口碑双赢的目的。

（2）抖音平台：全民任务不仅可以刺激平台用户的创作激情，提高用户的活跃度和黏性，而且还可以提升平台的商业价值，丰富平台的内容。

（3）用户：全民任务为用户提供了一种新的获利渠道，没有粉丝数量门槛，没有视频数量要求，没有拍摄技术难度，只要用户发布的视频符合任务要求，就有机会得到任务奖励。

用户参与全民任务的最大目的当然是获得任务奖励，那么，怎样才能获得收益，甚至获得较高的收益呢？

以拍摄任务为例。

首先，用户要确保投稿的视频符合任务要求，计入任务完成次数，这样用户才算完成任务，才有机会获得任务奖励。

其次，全民任务的奖励是根据投稿视频的质量、播放量和互动量来分配的，也就是说，视频的质量、播放量和互动量越高，获得的奖励才有可能越多。成功完成任务后，为了获得更多的任务奖励，用户可以多次参与同一个任务，增加获奖机会，提高获得较高收益的概率。

12.2 内容：创作收益的直接获取渠道

内容获利，其实质在于通过短视频售卖相关的内容产品或知识服务，让内容产生商业价值，变成“真金白银”。本节将以抖音、哔哩哔哩、快手等平台为例，介绍短视频的内容获利渠道和相关技巧。

12.2.1 加入扶持计划获利

很多短视频平台针对优质的内容创作者推出了一系列扶持计划，大力帮助他们进行内容获利，给优质创作者带来更多福利。例如，抖音推出的“剧有引力计划”就是一种平台扶持计划，主要用于扶持优质的短剧内容，如图 12-7 所示。

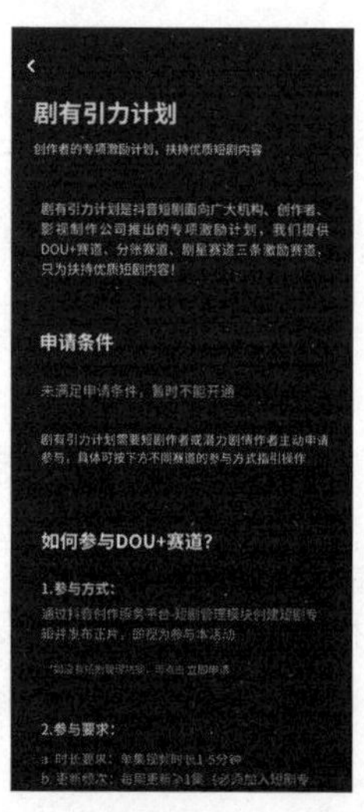

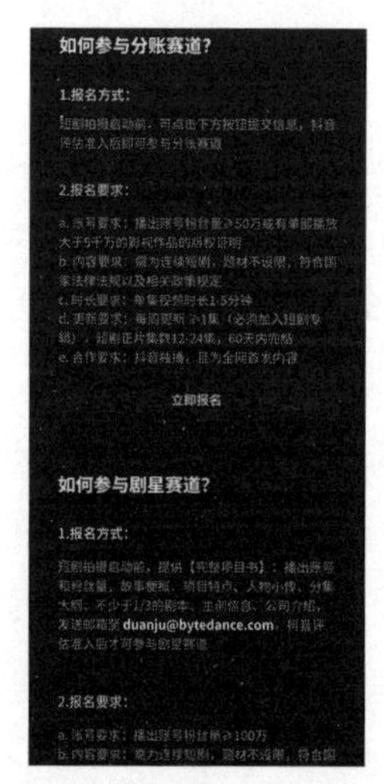

图 12-7 “剧有引力计划”活动界面

运营者进入“剧有引力计划”活动界面，点击“立即报名”按钮，然后进入“抖音短剧激励计划——现金分账短剧报名表”界面，如图 12-8 所示。创作者可以在此填写报名表中的详细信息，之后点击“提交报名”按钮即可。

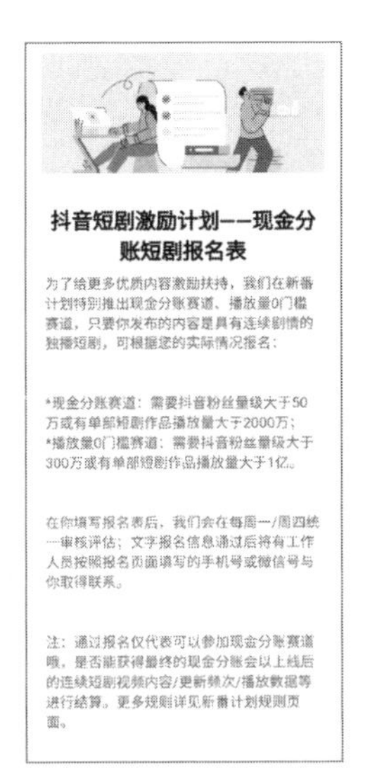

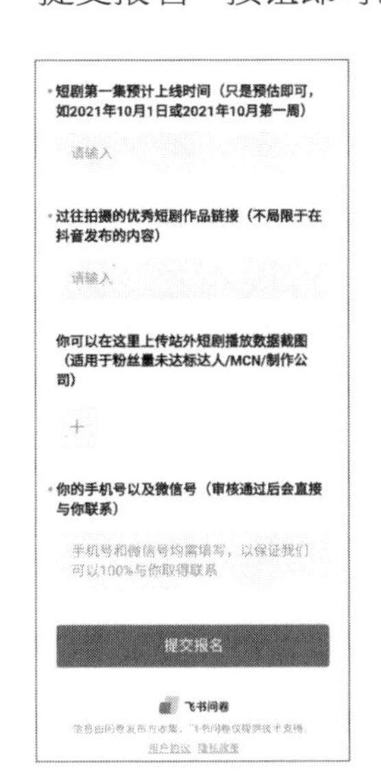

图 12-8 “抖音短剧激励计划——现金分账短剧报名表”界面

“剧有引力计划”的任务奖励包括现金分账和流量激励两种方式，但活动门槛比全民任务的活动门槛更高，不仅对内容有更高的要求，而且参与者的粉丝量和作品播放量都需要达到一定的指标。

12.2.2 参与流量分成获利

参与平台任务获取流量分成，这是内容营销领域较为常用的获利模式之一。例如，抖音平台推出的“站外播放激励计划”就是一种流量分成的内容获利形式，不仅为创作者提供站外展示作品的机会，而且还帮助他们增加获利渠道、获得更多收入。

“站外播放激励计划”有以下两种参与方式。

（1）进入抖音 App 的创作者服务中心，点击“全部分类”按钮进入“功能列表”界面，点击“站外播放激励”按钮，如图 12-9 所示。

（2）收到站内信或 PUSH 通知的创作者，可以通过点击站内信或 PUSH 直接进入计划主界面，点击“加入站外播放激励计划”按钮申请加入，如图 12-10 所示。

创作者成功加入“站外播放激励计划”后，抖音官方可将其发布至该平台的作品授权第三方平台进一步商业化使用，并向创作者支付一定的收益，从而帮助创作者进一步扩大作品的曝光量和提升创作收益。

图 12-9　点击“站外播放激励”按钮

图 12-10　点击“加入站外播放激励计划”按钮

12.2.3　开通视频赞赏获利

在抖音平台上，创作者可通过优质内容来获得观众的赞赏，这是一种很常见的内容获利形式，在多个平台上都有它的身影。赞赏可以说是针对广告收入的一种补充，不仅可以增加创作者的收益，而且还能够增进与粉丝的关系。

例如，使用抖音平台的短视频创作者可以开启“视频赞赏”功能，将会有机会获得赞赏收益。平台会通过站内信限量邀请符合开启条件的创作者试用“视频赞赏”功能。

当创作者开通“视频赞赏”功能后，观众在浏览他发布的短视频时，只需长按视频后点击“赞赏视频”按钮，或者在分享面板中点击“赞赏视频”按钮，即可给创作者打赏。

12.2.4　录制付费课程获利

付费课程是内容创作者获取盈利的主要方式，它是指在各个内容平台上推送文章、视频、音频等内容产品或服务，订阅者需要支付一定的费用才能够看文章、看视频或者听音频。用户通过订阅 VIP 服务，为优质的内容付费，可以让内容创作者从中获得回报，他们才能有更多的精力和热情进行持续的内容创作。

例如，哔哩哔哩平台有专门的“课堂模式”，提供给运营者课堂发布的服务，示例如图 12-11 所示。

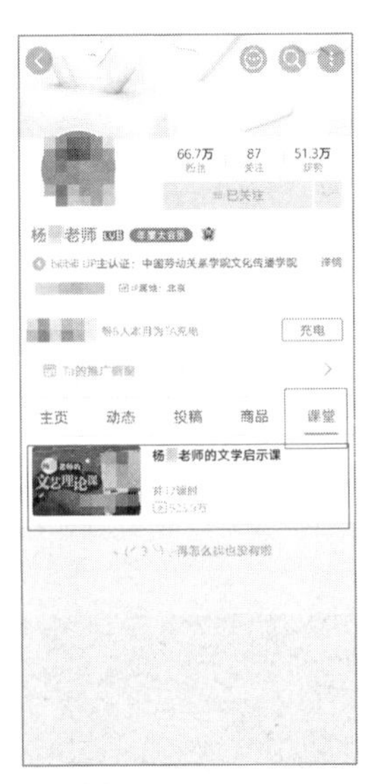

图 12-11　哔哩哔哩通过录制付费课程获利示例

付费课程获利模式适合知识服务公司、线上教育公司、线上授课老师、课程制作公司以及视频录课团队等。运营者最好能取得一定的学历或者专业证书，提升自己的权威性，同时还需要掌握一些课程包装、PPT 设计、流程图、后期制作、分析调研等技能。

12.2.5　通过付费专栏获利

付费专栏是指内容获利的作品有比较成熟的系统性，而且内容的连贯性也很强，不仅能够突出创作者的个人 IP，而且能够快速打造“内容型网红”。

付费专栏的内容形式包括图文、音频、视频以及多种形式混合的专栏内容，专栏作者可以自行设置价格，用户按需付费购买后，专栏作者即可获得收益分成。付费专栏获利模式适合能够长期输出专业优质内容的创作者，付费专栏的目的在于吸引潜在的“付费用户”。

相较于打赏和点赞的随意性阅读，订阅付费专栏的粉丝通常是高黏性、强关联的用户，因此创作者需要通过付费专栏来传递价值，满足用户的需求。且付费专栏适合做一些系列或连载的内容，能够帮助用户循序渐进地学习某个专业的知识，同时可以满足各种内容形态和获利需求。

另外，拥有大流量的自媒体人也可以寻找一些优质作者合作，以推广他们的付费合作，赚取一定的佣金收入。

12.2.6 制作付费视频获利

付费视频获利模式适合做垂直类的专业性强的视频栏目，要求创作者能说会道、有创意、会表演以及有演示型技能知识，同时有一定的视频创作能力，能够创作出优质的原创视频内容。付费视频获利有以下两种途径。

（1）运营者将自己的知识技能拍摄成视频内容，吸引用户付费观看，示例如图 12-12 所示。

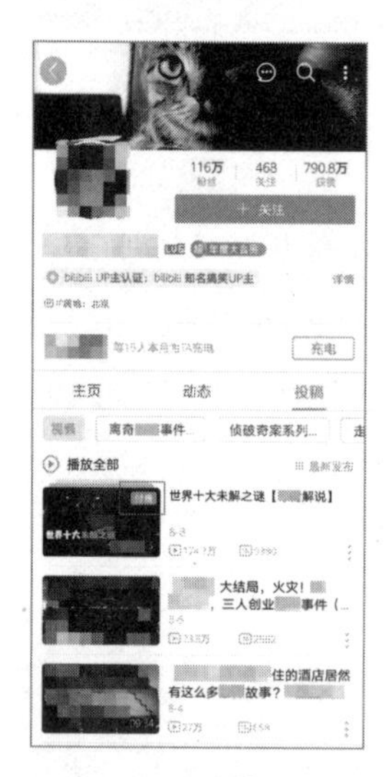

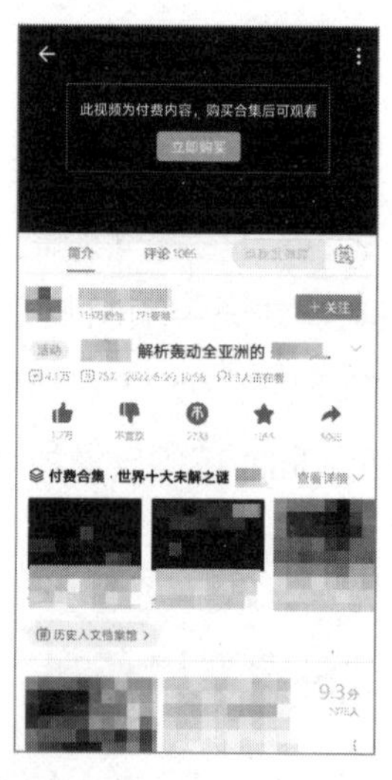

图 12-12 付费视频示例

（2）将有版权的视频内容授权给他人，获得版权收入。

12.2.7 吸引付费会员获利

招收付费会员也是内容获利的方法之一，这种会员机制不仅可以提高用户留存率和提升用户价值，而且还能得到会费收益，建立稳固的流量桥梁。

付费会员获利模式适合某个行业领域的资深从业者和培训讲师。付费会员获利最典型的例子就是“罗辑思维”，其推出的付费会员制如下。

（1）设置了 5000 个普通会员，成为这类会员的费用为 200 元 / 个。

（2）设置了 500 个铁杆会员，成为这类会员的费用为 1200 元 / 个。

普通会员 200 元 / 个，而铁杆会员 1200 元 / 个，这个看似不可思议的会员收费制度，其名额仅半天就售罄了。

对于创业者和内容平台来说，付费会员不仅能够帮助他们留下高忠诚度的粉丝，而且还可以形成纯度更高、效率更高的有效互动圈，最终更好地获利。

12.2.8 借助广告联盟获利

广告联盟平台是指连接广告主和联盟会员的第三方中介平台，广告主可以在平台上发布自己的推广需求，联盟会员则可以根据自己的内容定位和渠道特点，在平台上接广告任务，布置到自己的内容渠道，从而获得相应的广告收益，而广告联盟平台则从中赚取相应的服务费。例如，上述提到的抖音巨量星图接单则是代表平台之一。

> 专家提醒：如今，各大内容平台都会根据自己的平台特点，推出各种各样的广告获利形式，以此来提升平台的竞争力。虽然他们的形式不同，但本质上都在偏向更注重消费者体验的“原生态广告”，通过短视频内容这类简单的品牌曝光方式来抓住用户的胃口，更好地实现品牌转化。

又如，“快接单”是由北京晨钟科技推出的面向快手用户的推广任务接单功能，目前此功能在小范围测试中，不接受申请，只有少数受邀用户可以使用。快手运营者可以自主控制“快接单”发布时间，流量稳定有保障，多种转化形式保证投放效果。运营者可以通过“快接单”功能，接广告主发布的应用下载、品牌或者商品等推广任务，并拍摄视频来获得相应的推广收入。

另外，“快接单”还推出了“快手创作者广告共享计划”，是一种针对广大快手“网红”的新获利功能。主播确认参与计划后，无须专门去拍短视频广告，而是将广告直接展示在主播个人作品的相应位置上，同时根据广告效果来付费，不会影响作品本身的播放和上热门等权益。粉丝浏览或点击广告等行为都可能为主播带来收益。

12.2.9　售卖视频版权获利

各种发明创造、艺术创作，乃至在商业中使用的名称和外观设计等，都可以被认为是权利人所拥有的知识产权，都能够通过出售版权来获得收益。

运营者通过短视频平台买断视频版权来实现获利，而这一获利需要运营者有自己的作品，包括影视、文字作品、口述作品、音乐、戏剧、曲艺、舞蹈、杂技艺术作品、美术、建筑、摄影、软件等，同时这些作品还应当具有独创性。

如今，国内一些比较大型的视频网站都采用了买断版权的内容获利战略，将特殊版权与强力 IP 相结合，以增加付费用户的数量，如腾讯视频、QQ 音乐和爱奇艺等都喜欢用买断的方式来操作。

例如，在哔哩哔哩平台上有很多动漫、影视、纪录片等作品是买断了视频版权的，用户只能在该平台内观看，如图 12-13 所示。

图 12-13　哔哩哔哩平台买断视频版权的内容示例

12.2.10　植入冠名赞助获利

一般来说，冠名赞助指的是短视频运营者在平台上策划一些有吸引力的视频或活动，并设置相应的节目或活动赞助环节，以此吸引一些广告主的赞助来实现获利。

冠名赞助的广告获利主要表现形式有三种，即片头标板、主持人口播和片尾字幕鸣谢。对于短视频平台来说，其冠名赞助融入视频中，可以充分发挥运营者的想象力，以更灵活、多样化的方式来呈现最佳效果，从而获取盈利。

通过这种冠名赞助的形式，一方面，对运营者来说，能让其在获得一定收益的同时提高粉丝对视频或节目的关注度；另一方面，对赞助商来说，可以利用活动的知名度为其带去一定的话题量，进而对自身产品或服务进行推广。因此，这是一种平台和赞助商共赢的获利模式。

对于短视频运营者而言，借助冠名赞助获利类似于广告接单，通过在视频里面植入广告来获取相应的费用。

12.3 电商：短视频获利的“第三方”

电商，即电子商务，主要是指满足人们购物需求的线上交易活动，它是一种新型的商业运营模式。随着短视频平台的流量不断激增，电商也成为短视频平台的一种获利模式，具体表现为短视频平台的开店功能、售卖产品和直播卖货三种获利形式，本节将就这三种形式进行详细说明。

12.3.1 平台开店获利

短视频电商获利和广告获利的主要区别在于，电商获利虽然也是基于短视频来宣传引流的，但还需要实实在在地将产品或服务销售出去才能获得收益，而广告获利则只需要将产品曝光即可获得收益。以抖音平台为例，借助电商获利的方式之一是在其平台内开店。

抖音小店（简称“抖店”）覆盖了服饰鞋包、珠宝文玩、美妆、数码家电、个护家清、母婴和智能家居等多个品类，大部分线下有实体店或者开通了网店的商家都可以注册和自己业务范围一致的抖店。

抖音小店包括旗舰店、专卖店、专营店、普通店等多种店铺类型。商家还可以在电脑上进入抖店官网的“首页”页面，可以选择手机号码注册、抖音入驻、头条入驻和火山入驻等多种入驻方式，如图 12-14 所示。

登录抖店平台之后，会自动跳转至“请选择主体类型”页面，如图 12-15 所示。运营者需要在该页面中根据自身需要选择合适的主体类型（单击对应主体类型下方的“立即入驻”按钮），然后填写主体信息和店铺信息，并进行资质审核和账户验证，最后缴纳保证金，即可完成抖店的入驻。

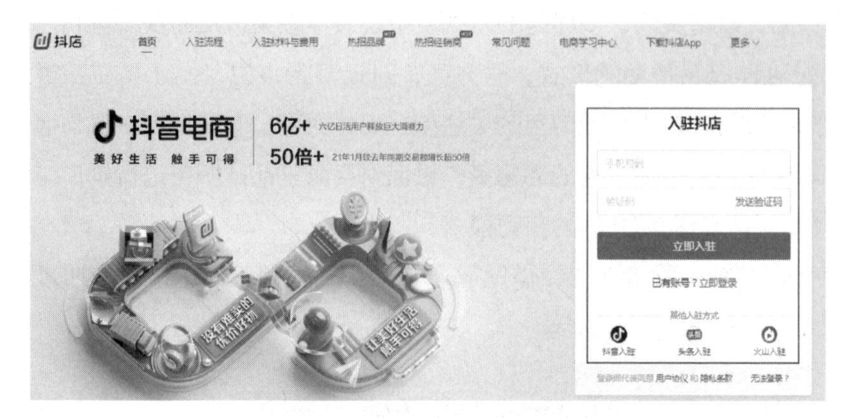

图 12-14　抖店的入驻方式

抖音小店是抖音针对短视频运营者获利推出的一个内部电商功能，通过抖音小店就无须再跳转到外链去完成商品的购买，直接在抖音内部即可实现电商闭环，让运营者更快获利，同时也为消费者带来更好的消费体验。

目前，抖音平台上的商品大部分来自抖音小店，因此我们可以将抖音看成抖店的一个商品展示渠道，其他展示渠道还有抖音盒子、今日头条、西瓜视频等。也就是说，运营者如果想要在抖音上开店卖产品，开通抖店是一条捷径，即使是零粉丝也可以轻松入驻开店。

图 12-15　“请选择主体类型”页面

12.3.2　售卖产品获利

短视频运营者借助短视频平台来售卖产品也是电商获利的一种形式。而商品橱窗和抖店都是抖音电商平台为运营者提供的带货工具，其中的商品通常会出现在短视频和直播间的购物车列表中，是一个全新的电商消费场景，消费者可以通过它们进入商品详情页进行下单付款，让运营者实现卖货获利。

例如，运营者可以在抖音的“商品橱窗”界面中添加商品，直接进行商品销售，如图 12-16 所示。商品橱窗除了会显示在信息流中外，还会出现在个人主页中，方便粉丝查看该账号发布的所有商品。图 12-17 所示为某抖音账号的橱窗界面。

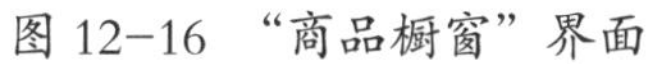
图 12-16 “商品橱窗”界面

图 12-17 某抖音账号的橱窗界面

通过商品橱窗的管理，运营者可以将具有优势的商品放在显眼的位置，增加观众的购买欲望，从而达到打造“爆款”的目的。

运营者要将商品橱窗中的商品卖出去，可以通过直播间和短视频两种渠道来实现。其中，短视频不仅可以为商品引流，而且还可以吸引粉丝关注，提升老顾客的复购率。因此，种草视频是实现橱窗商品售卖不可或缺的内容形式，运营者在做抖音运营的过程中也需要多拍摄种草视频。

运营者如果不想自己开店卖货，也可以通过精选联盟平台帮助商家推广商品来赚取佣金收入。精选联盟是抖音为短视频运营者打造的 CPS（Cost Per Sales，按商品实际销售量进行付费）获利平台，不仅拥有海量、优质的商品资源，而且还提供了交易查看、佣金结算等功能，其主要供货渠道为抖店。

精选联盟的入口位于“商品橱窗”界面中，如图 12-18 所示。点击“选品广场”按钮，即可进入“抖音电商精选联盟”界面，在该界面中便可以筛选商品进行带货，如图 12-19 所示。

图 12-18 精选联盟的入口

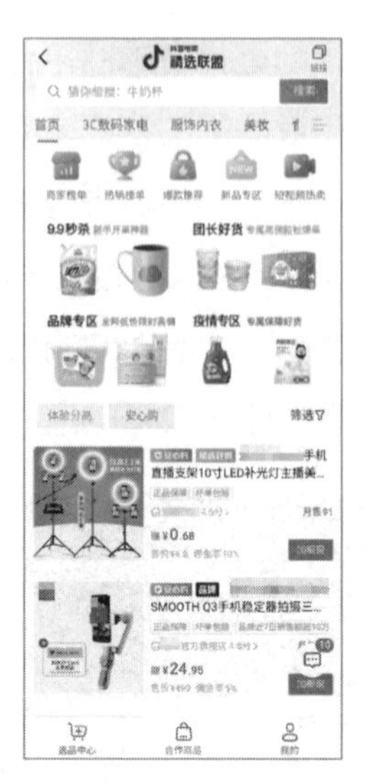

图 12-19 “抖音电商精选联盟”界面

运营者可以通过淘口令或商品链接，在精选联盟平台中查找对应的商品，并将商品添加到自己的商品橱窗中，然后在短视频的“发布”界面，❶选择“添加商品”选项；进入“我的橱窗”界面选择相应的商品后，❷点击“添加”按钮，如图 12-20 所示，即可发布带货短视频。

> 专家提醒：运营者在短视频平台中可以便捷地实现产品售卖，这是短视频获利的一大机遇。

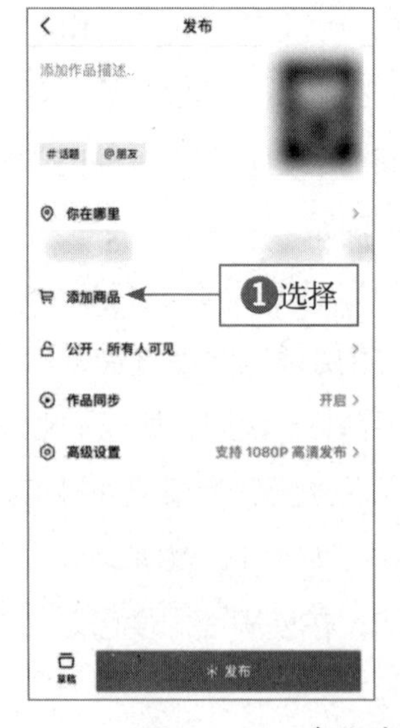

图 12-20 在发布的短视频中添加商品

12.3.3 直播卖货获利

直播卖货也是短视频平台推出的一种电商获利形式，其实质是通过直播来实现产品的销售。

具体而言，直播的构成有专业过硬的主播（相当于主持人）、具有特色的直播间以及掌握必要的带货技巧三部分，详细说明如下。

1. 专业过硬的主播

进行直播卖货一般由主播为主要的产品“销售员”，而主播通过技能培训在专业能力、语言能力和心理素质三个方面表现突出，详细内容如图 12-21 所示。

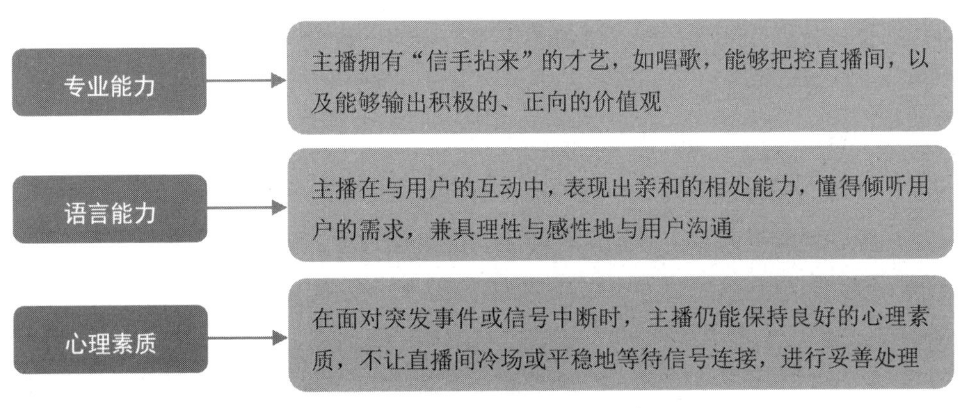

图 12-21　专业过硬的主播的表现

2. 具有特色的直播间

打造具有特色的直播间可以增加辨识度，从而增加直播卖货的成功率。具体来说，打造特色的直播间有以下 4 个技巧。

（1）主播可以通过直播间的特色装饰来打造个人直播特色，塑造专属的直播。直播间的特色装饰有很多，既包括主播后面的背景，也包括直播间画面中的各种设置。相对于主播后面的背景，直播间画面中的相关设置通常要容易操作得多。

（2）口头禅是个人的一种标志。因为口头禅出现的次数比较多，再加上在他人听来通常具有一定的特色，所以，在听到某人的口头禅之后，我们很容易便能记住这个人，并且在听到其他人说这句口头禅时，我们也会想到将这句话作为口头禅在我们心中留下深刻印象的人。在抖音直播中，一些具有代表性的头部账号的视频主往往都有令人印象深刻的口头禅。

（3）我们在第一次看到一个人时，首先会被其外在的造型吸引。从这一思路出发，主播可以尝试塑造一些有特色的外形特征，借助穿着、饰品、造型等独特设计来给用户留下深刻的印象，如主播经常性地穿着某个经典的影视人物的服装来直播，可以让用户印象深刻。

（4）精准的人设，就是在说到某一行业或内容时，用户就能想到具体的人物。而主播可以在学习他人成功经验的基础上，树立自己的精准人设，让自己成为这类人设标签里的红人。

3. 掌握必要的带货技巧

在进行抖音直播带货的过程中，主播还得掌握一些常用的带货技巧，以此来快速提高直播间的转化率。常见的直播带货技巧有以下几种。

（1）利用卖点提高销量：在观看直播的过程中，用户或多或少会关注商品的某几个点，并在心理上认同该商品的价值。在这个可以达成交易的时机上，促使用户产生购买行为的就是商品的核心卖点。主播找到商品的核心卖点，便可以让用户更好地接受商品，并且认可商品的价值和效用，从而达到提高商品销量的目的。挖掘商品卖点的方式有三种，如图 12-22 所示。

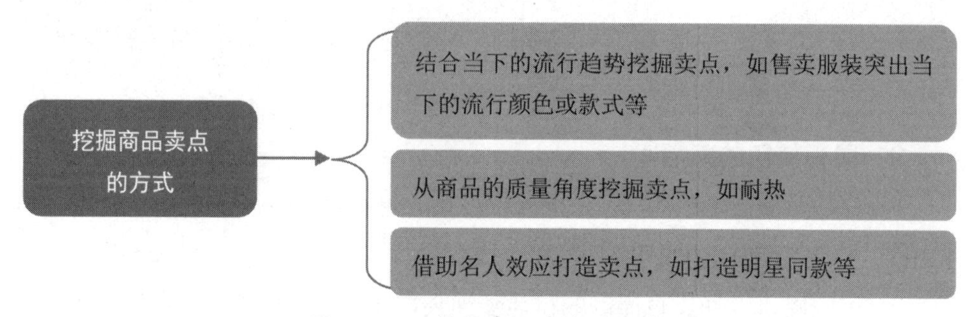

图 12-22　挖掘商品卖点的方式

（2）借助用户树立口碑：在用户消费行为日益理性化的情况下，口碑的建立和积累可以给短视频和直播带货带来更好的效果。建立口碑的目的就是为品牌树立一个良好的正面形象，并且口碑的力量会在使用和传播的过程中不断加强，从而为品牌带来更多的用户流量，这也是商家都希望用户能给予商品好评的原因。

（3）展现商品自身的优势：在抖音直播的过程中，主播可以展示使用商品之后带来的改变。这个改变也是证明商品优势的良好方法，只要改变是好的，对用户而言是有实用价值的，那么用户就会对你推荐的商品感兴趣。

（4）比较同类商品的差价：主播在直播中可以通过与竞品进行对比，从专业的角度向用户展示差异化，以增强商品的说服力及优势。对比差价在直播中是一种高效的带货方法，可以带动气氛，激发用户购买的欲望。相同的质量，价格却更为优惠，那么直播间里的商品会更容易受到用户的欢迎。常见的差价对比方式就是将某类商品的直播间价格与其他销售渠道中的价格进行对比，让用户直观地看到直播间商品价格的优势。

例如，某短视频直播间中销售的煲汤砂锅的常规价为 9.9 元，券后价只需要 7.9 元。此时，主播便可以在电商平台上搜索煲汤砂锅，展示其价格，让用户看到自己销售的商品的价格优势。

（5）围绕商品策划幽默段子：当主播在直播间中讲述幽默段子时，直播间里的用户通常会比较活跃。很多用户都会在评论区里留言，更多的用户会因为主播的段子比较有趣而留下来继续观看直播。因此，如果主播能围绕商品特点多策划一些幽默段子，那么直播内容就会吸引更多用户。

（6）增值内容提高获得感：典型的增值内容就是让用户从直播中获得知识和技能。例如，很多抖音主播在利用直播进行销售时，会推出相关的商品使用教程，给用户提供更多软需的商品增值服务。